建筑师职业教育与业务基础

郭瑞芳 李 婧 主 编

中国建设科技出版社有限责任公司
China Construction Science and Technology Press Co., Ltd.

北 京

图书在版编目（CIP）数据

建筑师职业教育与业务基础/郭瑞芳，李婧主编．北京：中国建设科技出版社有限责任公司，2025.3.
ISBN 978-7-5160-4350-9

Ⅰ．TU-0

中国国家版本馆 CIP 数据核字第 2024RX1294 号

建筑师职业教育与业务基础
JIANZHUSHI ZHIYE JIAOYU YU YEWU JICHU
郭瑞芳 李 婧 主 编

出版发行：中国建设科技出版社有限责任公司
地　　址：北京市西城区白纸坊东街 2 号院 6 号楼
邮　　编：100054
经　　销：全国各地新华书店
印　　刷：北京印刷集团有限责任公司
开　　本：787mm×1092mm　1/16
印　　张：10.25
字　　数：250 千字
版　　次：2025 年 3 月第 1 版
印　　次：2025 年 3 月第 1 次
定　　价：58.00 元

本社网址：www.jskjcbs.com，微信公众号：zgjskjcbs
请选用正版图书，采购、销售盗版图书属违法行为
版权专有，盗版必究。本社法律顾问：北京天驰君泰律师事务所，张杰律师
举报信箱：zhangjie@tiantailaw.com　举报电话：(010) 63567684

本书如有印装质量问题，由我社事业发展中心负责调换，联系电话：(010) 63567692

前　言

新时代，国家对应用型高素质人才的需求不断增大。随着建筑设计行业的快速发展、"雄安新区试点建筑师负责制"的提出、国家乡村振兴战略的推进，以及国家"双碳"目标的确立，"建筑师"成为一个更广泛的职业概念，建筑师面临的挑战和任务更艰巨，其权利和责任更加重大。而我国现行的建筑学专业教学侧重方案设计能力培养和专业基础知识传授，在职业教育方面相对薄弱，学生对职业的理解较为片面，导致刚刚步入工作岗位的毕业生遇到许多困惑，难以迅速融入职业环境，从而导致心理压力较大，甚至产生自我怀疑，阻碍个人发展。

"建筑师职业教育"作为衔接建筑师学历教育与职业实践的重要课程，是建筑学本科教学中不可或缺的一部分。课程的内涵建设旨在帮助学生完善知识体系、制定职业规划、树立工匠精神和全面的职业观、强化其服务意识和社会责任感，在时代大潮中保持定力。同时，课程在潜移默化中将职业教育与思想政治内涵相结合，培养面向未来、引领时代、敢于担当的建筑师。

本书紧紧围绕国家发展战略和新时代立德树人的根本任务，立足于社会需求和学生诉求，以价值塑造为引领，以提升职业素养为导向，以培养具有社会责任感、职业使命感和国际视野的高素质复合型人才为目标，挖掘课程的思政元素，构建课程和教材内容。笔者从建筑师的职业特征出发，对建筑师业务所涉及的有关问题进行全面概述，通过阐述建筑相关专业及其相互的关联，以及建筑师的职业历史、职业定位和未来的发展趋势，同时从宏观角度将已经掌握的基本理论知识与工程实践结合起来并进行职业拓展，让学生理解建筑师的工作范畴和建筑设计工作，洞悉其中的规律从而产生职业兴趣和向往。

本书编写分工如下：李靖提供了多个设计实践的原始资料、素材，并编写了第四章的内容；张晓宇编写了第一章第三节的内容；郭瑞芳梳理了全书的理论框架，按照建筑学专业知识体系架构，主笔完成了其他章节的编写。

本书采用理论结合实践的方式，引入大量的工程案例，辅以实践性较强的课后任务和作业，运用现代信息教育技术、方法和手段，提高课程的实践性和创新性，丰富学生的知识面。采用层层递进的方式论述，便于学生理解，保证学习效果。

本书是聊城大学校级规划教材建设项目，可作为高等学校建筑学专业和城乡规划专业方向的学生"建筑师业务实践""建筑师执业基础"类课程的教材和参考书，还可供建筑类设计人员、业主、建筑施工企业等相关专业的人员参考。

编　者
2024 年 8 月

目 录

1 建筑师概论 ·· 1
　1.1 建筑与建筑师 ·· 1
　1.2 建筑师职业 ··· 7
　1.3 建筑师的管理体制 ··· 26

2 建筑师业务基础知识 ··· 31
　2.1 建筑师的业务范围及权利、责任和义务 ····································· 31
　2.2 建筑师的服务阶段及程序 ·· 37
　2.3 国内建筑设计机构及组织管理 ·· 46
　2.4 建筑师的职业素养 ··· 53

3 建设项目及管理 ··· 56
　3.1 建设项目 ··· 56
　3.2 建设项目的管理和组织 ··· 60
　3.3 建筑师与建设项目管理 ··· 75

4 项目建设程序及管理 ··· 80
　4.1 项目建设及管理机构 ·· 80
　4.2 项目基本建设程序 ··· 82

5 国家发展战略目标下的挑战与机遇 ··· 96
　5.1 我国的"双碳"目标 ··· 96
　5.2 我国乡村振兴发展战略 ··· 100
　5.3 我国城市更新进程 ··· 104
　5.4 建筑师及建筑教育面临的挑战和机遇 ····································· 111

附录 ·· 113
　附录1 注册建筑师考试参考书目及典型题型 ·································· 113
　附录2 常用的建筑制图标准 ·· 152
　附录3 建筑设计常用设计规范和法规 ·· 153
　附录4 建筑设计常用设计标准和设计图集 ···································· 155

1　建筑师概论

[纲要]　在中国建筑设计业与国际的接轨过程中,建造、建筑学、职业等概念蕴含着丰富而深刻的文化背景和职业制度的差异,职业建筑师制度的差异和制度创新的作用是一个无法回避的基础课题。本章以建筑的发展、建筑师角色的演变为切入点,介绍建筑师的职业发展史和建筑职业制度的形成过程,以及注册建筑师的管理体制,帮助即将步入社会和建筑设计行业的学生对建筑师职业的发展和社会定位有个大概的了解,为未来的职业生涯做好准备。

1.1　建筑与建筑师

1.1.1　建筑的起源与形成

在公元前 3.5 万年前,居住在欧洲大陆的原始人类在为生存而与大自然进行抗争的过程中,学会了利用天然地形和材料来建造遮风避雨的栖身之所,聚居方式由游牧演变为定居,原始的居室建筑就被祖先创造出来。而人类最早的艺术就是以居住空间为载体的,迄今所知欧洲最早的艺术作品出现在旧石器时代晚期,距今 2.8 万到 1 万年前的冰河时期,欧洲各地区的原始人类相继出现了各自的早期艺术。旧石器时代的洞窟艺术集中分布在今欧洲的法国、西班牙、意大利半岛等地区,如法国拉斯科洞窟壁画(Caves of Lascaux)(图 1-1)、西班牙阿尔塔米拉岩画(Altamira)(图 1-2)、意大利瓦尔卡莫尼卡岩画(Rock Drawings in Valcamonica)等,这些都是欧洲人类祖先们在此居住、生活过的实证,虽没有设计,但建筑由此萌生。

图 1-1　法国拉斯科洞窟壁画

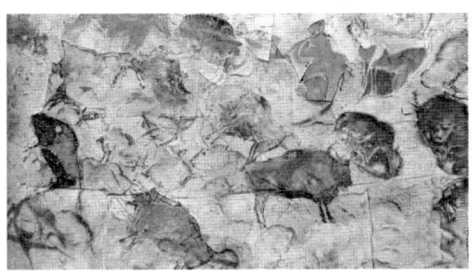
图 1-2　西班牙阿尔塔米拉岩画

维特鲁威(Marcus Vitruvius Pollio)在《建筑十书》里如此描述建筑形成:"最初,立起两根叉形树枝,在其间搭上树木,用泥抹墙。另一些人用太阳晒干的泥块砌墙,把它们用木材加以联系,为了防避雨水和暑热而用芦苇和树叶覆盖。因为这种屋顶在冬季风雨期间抵挡不住下雨,所以便用泥决做三角墙,使屋顶倾斜,雨水流下。"如图 1-3 所示。

阿尔伯蒂（Leon Battista Alberti）在其名著《论建筑》中说道："野蛮人，在用树叶搭起的庇护物中，还不懂得如何在潮湿的环境中保护自己。他匍匐进入附近的洞穴，惊奇地发现洞穴里是干燥的，他开始为自己的发现欢欣。但不久，黑暗和污秽的空气又包围了他，他不能再忍受下去。他离开了，决心用自己的才智和对大自然的蔑视改变自己的处境。他渴望给自己建造一个住处来保护而不是埋葬自己。森林的落枝是适合的良好材料，他选择了四根棍并使它们在顶部相交。他在这样形成的顶上铺上树叶遮风挡雨，于是人类有了房子。"如图1-4所示。

图1-3　切萨里亚诺——维特鲁威译本里描述的原始棚屋的建造　　　图1-4　茅屋

人类早期的建筑行为，有许多并非纯然是为了解决简单的遮风避雨需求。如果不是受观念中所崇信的某种超自然力的驱使，或为了某种神秘莫测的原因，这样庞大的建筑行为，在生产力极其低下的原始人那里，几乎是不可能想象的。

分布在爱尔兰和英国的巨石遗迹（图1-5），或者是几块聚立在一起，或者是若干块排列成行，或者是以大石块围成圈，形成震撼的石柱（Monolith）、石圈（Stonehenge）、列石（Alignment）和石台（Dolmen），其意图至今为止虽然仍没有确切统一的解释，但是均带有明显的设计痕迹。还有马耳他岛的巨石神庙（Megalithic）（图1-6）和史前蜂巢形石屋（图1-7），都是石头砌筑得比较完整的建筑物，里面用来供奉神像。此时虽没有建筑师和设计师的记载，但也显示出已经有"设计师"角色的存在了。

(a)　　　　　　　　　　　　　　(b)

图1-5　英国斯通亨奇环状列石

图 1-6 马耳他岛的巨石神庙

图 1-7 史前蜂巢形石屋

由西方建筑的萌生可得到一个推测性的结论：真正的创作者是超自然力本身，即将艺术的起源归之于原始人所相信的某种超自然力的创造。而原始建筑师或许就是一个巫师，在他感觉没有得到超自然力（原始人认为的神灵）的默许时，是不会有任何作为的。因此，在原始人看来，建筑应归于某种"天启"的产物。

我国境内已知的最早人类住所是天然岩洞（图 1-8、图 1-9）。老子曰：凿户牖以为室，当其无，有室之用。故有之以为利，无之以为用……

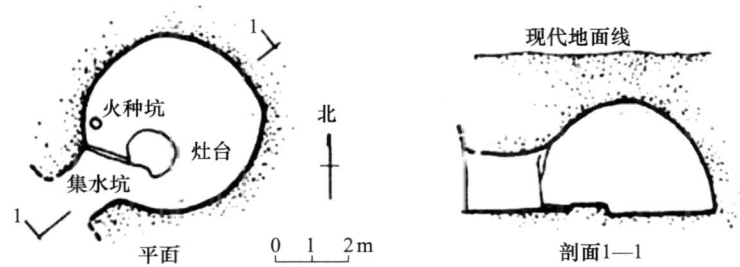
图 1-8 甘肃宁县阳坬窑洞遗址复原图

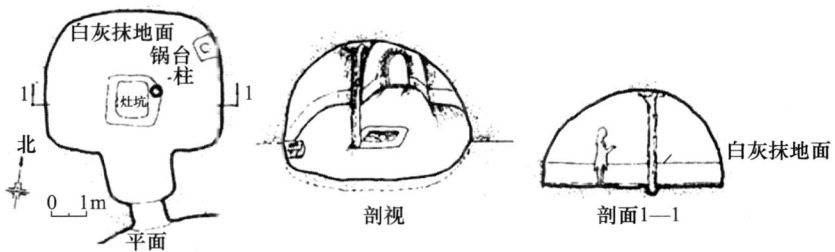
图 1-9 山西石楼县岔沟龙山文化窑洞式住所遗址复原图

对环境中不利气候的防护即为建筑产生的初衷。仰韶文化遗址多半为半地穴式，但后期的建筑已进展到地面建筑（图 1-10）。巢居是地势低洼气候潮湿而多虫蛇的地区采用过的一种原始居住方式。

由于农业文明的发展和自然环境的原因，中国古代先人选择了以土木作为主要建筑材料，并产生了相应的结构形式，木构架建筑成为了中国古代建筑的主流（图 1-11），而石建筑是西方古代建筑的主流（图 1-12）。

图 1-10 仰韶文化遗址复原图及模型

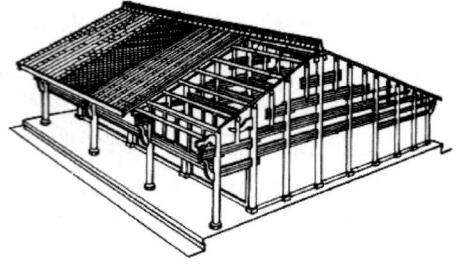

图 1-11 中国民居及古建筑复原图

图 1-12 欧洲古建筑遗址照片

黑格尔（Georg Wilhelm Friedrich Hegel）曾说："住房和神庙须假定有住户，人和神像之类，原先建造起来，就是为他们居住的。所以建筑首先要适应一种需要，而且是一种与艺术无关的需要，美的艺术不是为满足这种需要的，所以单为满足这种需要，还不必产生艺术作品。"因此，建筑是为了满足人的需求而产生的，首先是生理需求，然后随着社会的发展，人类产生越来越高层次的其他需求，例如审美需求、认知需求、自我实现需求等。

1.1.2 建筑、建筑学、建筑师相关概念及关系

1.1.2.1 建筑与建造

"建筑"即建筑物或结构物，是在制造（建造）过程中所形成的最终产品和成果。

它不仅是指物理实体，还包括了建筑物所承载的功能、美学、文化和社会意义等多重内涵。

"建造"，表面意思是"制造、打造"，建筑上的"建造"指的是进行建筑活动（打造一些建筑）的过程，它涉及规划、设计、施工等一系列环节，目的是制造或建造出各种建筑物或结构物。建造活动通常需要专业的技术知识、工程技能和劳动力的配合，以确保建筑物的结构安全、功能合理和美观大方。

简而言之，建造是建筑得以实现的过程和手段，而建筑是建造的成果呈现。建造活动是借助技术围绕着建筑的设计和功能需求进行，而建筑需要建造活动的技术、管理和艺术水平支撑。两者是相辅相成、不可分割的整体。

1.1.2.2 建筑、建筑学和建筑师

建筑，如上所述是由人类设计并通过建造手段实现的各种建筑物和构筑物的总称，以供人们从事社会活动（居住、工作、学习、娱乐等）所需要的物理实体和空间场所。建筑的产生是人类文明和社会进步的重要标志，也是满足人们生活和工作需要的重要空间环境。

建筑学（Architecture），是个学科名称，是一门研究建筑设计和建造的科学，是研究如何设计与建造符合一定的审美和功能需要的构筑物或构筑物群体的科学与艺术。它包括建筑的历史、理论、设计、结构、材料、设备和环境等多个方面。

可以说，建筑是建筑学的研究对象，是建筑学实践的一部分，是通过建筑师的创意和工匠的技艺，结合先进的技术和材料，对空间进行创造性地组织和利用的过程。建筑学则提供了建筑实践的理论基础，包括建筑设计的原理、建筑历史的演变、建筑技术的发展等内容。建筑学还指导建筑师如何考虑环境、文化、功能等因素，进行综合性的建筑设计。

当古朴的建筑糅合了人类的感情、信仰和智慧，铸就紫禁城的威严、凯旋门的辉煌、金字塔的雄伟之后，它们才成为architecture，建筑是固化了的艺术和文明的见证。在建造方面是指各种材料、构件组合成紧密结合的有机统一体；在设计方面是指设计房屋和其他居住环境的专业工作；在科学方面是指具有民族、地域及风格与特征的方法；在艺术方面是指综合建筑工作的产物或成果——广义的建筑物。

钱学森在他的建筑理论中提出了宏观建筑与微观建筑的理念，这是建筑科学体系整体建构的理论基础。他曾为建筑科学"定位"，呼吁："现代科学技术体系中再加一个新的大部门，第十一个大部门：建筑科学。"他详细论述了建筑科学体系的层次结构，说建筑科学"要包括的第一层次是真正的建筑学，第二层次是建筑技术性理论，包括城市学，第三层次是工程技术，包括城市规划。三个层次，最后是哲学的概括。"可见，建筑科学是一个开放性的、复杂的学科。

在建筑中，关于房屋结构、材料等属于自然科学中力学的内容，而且可以认为是静力学的重要应用方向；建筑物的设计、布局则更多属于文学艺术类，美学是建筑学主要考虑的内容；建筑物的大小安排、房屋的布局还同人体科学、行为科学有联系。可以说建筑学是与多门学科发生联系的综合学科。

建筑师是建筑的创造者和设计者。他们通过对建筑学的深入理解和应用，将空间、

结构和功能融合在一起，创造出满足人们生活、工作和社会活动需求的建筑。建筑师不仅需要具备专业知识和技能，还需要具备艺术感和创新精神，以实现建筑的美学和实用价值。

建筑师和建筑学之间的关系是相互促进和影响的。建筑师的实践经验和创新成果可以为建筑学的发展提供新的理论和方法，而建筑学的理论和研究成果也可以为建筑师提供新的设计理念和技术支持，使他们能够更好地进行建筑创作。

总之，建筑师、建筑和建筑学之间存在着相互依存和相互促进的关系，它们共同构成了一个动态的发展系统。社会和环境的变化也不断影响着建筑和建筑学的发展，建筑师需要不断学习和适应这些变化，以满足人们日益增长的需求。

1.1.2.3　建筑相关专业

建筑项目的完成需要多个相关专业的配合，这些专业不仅限于建筑学和建造，还包括但不限于城市规划、土木工程、景观设计、室内设计、建筑加固、结构工程、岩土工程、环境工程、建筑设备、建筑施工以及建筑与城市美学等专业的介入。我国高校开设的建筑相关专业主要有以下几个：

（1）建筑学专业（Architecture）：建筑学专业是研究建筑及其环境的学科。建筑学专业的实践领域包括建筑设计、城市规划和景观设计等。学习内容主要包括建筑历史、建筑设计与理论、建筑设计方法、建筑材料、建筑构造、建筑设备等方面，主要是专注于建筑物的设计和规划。建筑学在社会发展中扮演着重要的角色，它不仅影响着人们的居住环境，还关系到城市的可持续发展。

（2）城乡规划专业（Rural and urban planning）：城乡规划主要涉及城乡规划和设计等方面的基本知识和技能。此专业领域主要涵盖城乡物质环境空间形态的控制与引导、土地使用与开发、道路与交通、市政与服务设施、住房与社区、生态控制与环境保护、遗产保护与城市更新、地域文化与城乡风貌、防灾减灾与卫生规划等内容，具有多学科交叉融合的特点。城乡规划对于实现城乡可持续发展、优化空间结构和提高城乡生活质量具有重要意义。

（3）土木工程专业（Civil Engineering）：土木工程专业涉及建筑结构、地质、环境、水利、交通等方面的知识。实践领域包括结构工程、地质工程、环境工程、交通工程等。学习内容主要包括力学、结构设计、岩土工程、水力学、环境工程等方面。土木工程在社会发展中具有重要意义，它是保障人类生存环境和社会基础设施建设的关键学科。

（4）景观设计专业（Landscape Architecture）：景观设计是研究自然和人工景观的规划与设计。实践领域包括公园设计、庭院设计、城市绿地系统设计等。学习内容主要包括景观规划、景观设计、植物配置、景观工程等。景观设计在美化城市环境、提升城市生态质量和保障城市可持续发展方面具有重要作用。

（5）室内设计专业（Interior Design）：室内设计专注于建筑物内部空间的设计。实践领域包括住宅室内设计、商业空间室内设计、办公空间室内设计等。学习内容主要包括室内设计理论、室内设计方法、室内构造、室内材料等。室内设计对于提高人们的生活品质、满足个性化需求和促进创意产业的发展具有重要意义。

(6) 环境工程专业（Environmental Engineering）：环境工程专业涉及环境保护、污染控制和可持续发展等方面的知识。实践领域包括水处理工程、大气污染控制、固废处理等。学习内容主要包括环境化学、环境微生物学、环境工程工艺等。环境工程在保障人类生存环境、实现可持续发展方面具有重要意义。

(7) 建筑施工技术专业（Construction Technology）：建筑施工技术是指在建筑施工过程中应用的技术和方法。实践领域包括施工现场管理、建筑施工工艺、建筑施工组织等。学习内容主要包括建筑施工技术、建筑施工组织与管理、建筑设备等。建筑施工技术对于提高建筑施工效率、保障施工质量和安全具有重要意义。

(8) 建筑与城市美学专业（Architecture and Urban Aesthetics）：建筑与城市美学具有研究建筑和城市环境的美学特征。实践领域包括建筑美学、城市设计、景观美学等。学习内容主要包括美学理论、建筑与城市设计、艺术史等。建筑与城市美学对于提升城市品质、丰富人们精神生活具有重要意义。

因各高校教学资源和教务管理的不同，专业名称也不完全相同。比如与景观和环境设计相关的名称有风景园林、景观设计、环境设计等，归属的学院也不同，有的归入建筑学院，有的归入艺术学院，有的归入农学院、林学院，但其专业内核都是要研究建筑与环境的关系，都离不开对建筑的理解，其专业基本功的学习内容也是类似的。

1.2 建筑师职业

1.2.1 建筑师职业的起源及发展历程

建筑师作为一个专业职业，其历史可以追溯到古代文明。建筑师职业的产生和发展与人类文明的进步紧密相关，特别是在城市化、建筑技术和设计理念的发展过程中。中国和西方的建筑师职业的发展，也因其社会文明发展情况的不同而存在很大区别。

1.2.1.1 西方建筑师职业的起源及发展历程

因为古埃及、古希腊和古罗马的建筑对后世影响深远，所以常常被认为是建筑师这一职业起源的地方（图1-13～图1-17）。最早关于建筑师和建造师的记录出现在古埃及，古巴比伦、古印度、古代中国也都有专业的建筑师。虽然语言中没有"建筑师"一词，建造者被称为"国王所有工作的指挥者"，是重要的官员和祭司，主要负责建造的组织工作和采石、运输、树立雕像等建造技术的实现，当时建筑样式、设计思想等基本是沿袭传统和依据法老的神启，但是他们负责设计宗教建筑、宫殿、住宅和公共设施。例如，古埃及的建筑师是比较宽泛的科学技术专家的角色，他们的工作涉及城市建设、军事技术、天象观测甚至机械类，其中很重要的一项工作是为宗教和死后世界的信仰服务，比如建造金字塔和神庙。这是非专业分工的建筑师的开始。

古希腊、罗马时代已经出现"建筑师"（Architect）的职业称谓，现代意义上建筑师一词architect源自希腊语architectonic。

图 1-13　阿布辛贝尔神庙及其内部

图 1-14　卡尔纳克神庙

图 1-15　阿蒙神庙

图 1-16　吉萨陵墓群

图 1-17　狮身人面像

古希腊的建筑师是宽泛的科学技术专家，其工作包含了城市建设、公共建筑、军事技术、时间和天象观测技术、机械等，是世俗化建筑师的开始。他们倾向对现实生活和对美的追求，注重公共生活和哲学思想，所以作品更加注重柱式和比例（图 1-18～图 1-21）。古罗马时代的建筑师是"伟大的职业"，建筑学的主要内容有三项"建造房屋、制作日晷、制造机械"。公共建筑分三类：防御用的、宗教用的、实用的（港口、剧场、广场、浴场等）。建筑师应具备多学科知识和种种技艺，是"全能型"人才。"建筑师既要有天赋的才能，还要有钻研学问的本领……"既能精通业务又能控制建筑预算，并以自己的财产做担保以杜绝浪费，保证业主利益。

图 1-18　帕提农神庙

图 1-19　古希腊建筑的三角形山花墙

图 1-20　古罗马斗兽场

图 1-21　古罗马庞贝城遗址

在维特鲁威的《建筑十书》中，建筑师被描述成"全能型、精英型人才"，从选址、设计到施工乃至建造全过程均为其职责范围（图1-22）。建筑师的理论由数学、美学、天文学和物理等多种学科组成，实践部分则包括金属加工、施工、绘画艺术、组织协调等。建筑师需要有很强的文字记述能力，"这可以使他运用笔记，从而使他的记忆更为可靠"；他必须是一个熟练的绘图员，并且对几何了如指掌，这样才能绘制正确的透视画与平面图。关于光学规律的知识对于恰当地运用光线也十分必要；算术知识对于造价的计算以及比例的推算是必需的；如果建筑师需要理解建筑装饰及其内含的意义，历史知识也是必不可少的；哲学将在他的个人特性方面打上烙印；对于音乐的理解在将之应用于紧张的工程机械方面或用于剧场建筑的建造方面，都是很需要的；医学是在考虑建筑物中人的健康问题，或气候问题时所需要的。维特鲁威还进一步明确了有关建筑法规以及天文学方面的知识。在他看来，有一个长时间的关于科学和人文学方面的学校教育是建筑师训练的一个不可或缺的环节。

"建筑师必须是一位在工艺（fabric）上和推理（ratiocination）上都很在行的大师"。这种对建筑师应是"全能型人才"的要求一直延续到文艺复兴之后。

古罗马后，有不少建筑技术长期失传，如屋顶瓦和玻璃的制造等，以至于当时的很多建筑采用草屋顶。到了12世纪，随着手工业的发展，在一些大城市中建筑技术才恢复到古罗马的水平，并且出现了由木匠、瓦匠、油漆匠、铁匠、釉工等手工业者组成的行会。那时的建筑师仍然是艺术家，同时又是工匠，还是包工头（领导着采石匠、木匠、雕刻匠、玻璃匠等众多专业人员）。

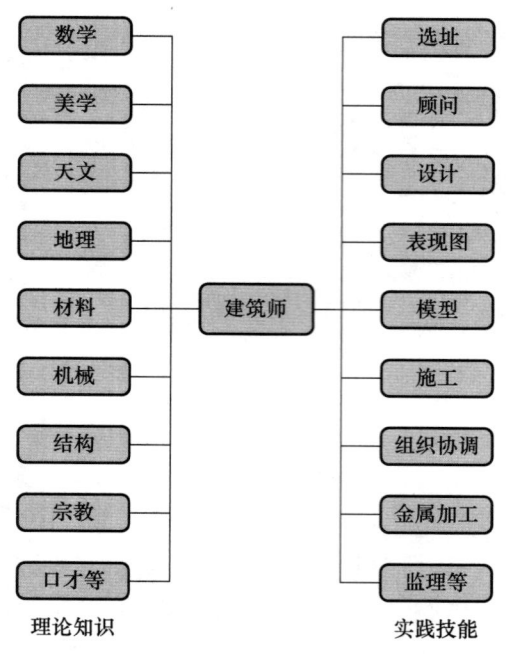

图 1-22　维特鲁威的《建筑十书》里对建筑师的描述

中世纪，欧洲的建筑师职业开始逐步发展。彼时建筑师的工作主要集中在宗教建筑、城堡和世俗建筑上，这一时期建筑成果主要是教堂、修道院、城堡和军事设施，建筑师和工匠往往是同一人（"匠师"），有时甚至是业主或资助人。他们的工作通常采用师徒制传承，通过实践学习和掌握技艺，负责对建筑进行设计和建造。所以，中世纪并没有真正意义上的建筑师称号，而是建造工匠和总负责人的统称；他们大多出身于石匠，或者是一些作坊的工头。中世纪时期的建筑工作大多依靠手工完成，建筑师在施工过程中还要兼顾施工技术、材料采购、工人管理等实务工作。同时，他们在设计中会融入当时的政治、文化和社会习俗，以及对宗教教义的反映。例如，哥特式的教堂设计强调向上的动势和神圣的光线效果，这与当时人们对于宗教神秘和超验的追求是相符合的（图 1-23、图 1-24）。

图 1-23　法国巴黎圣母院

图 1-24　德国科隆大教堂的束柱和尖肋拱顶

文艺复兴时期，建筑师不再是工匠，开始成为一项独立的职业称谓。他们的社会地位逐渐提升，成为思想者和艺术家，并真正有了"建筑师"的名称。1550年，乔尔乔·瓦萨里（Giorgio Vasari）出版了《最优秀的画家、雕刻家和建筑师的生活》(*The Lives of the Most Excellent Painters, Sculptors and Architects*)一书，表明在这个时候，建筑师已成为一项独立的职业。

从"工匠"到"建筑师"的转变过程，离不开阿尔伯蒂的影响。他在1485年出版的《建筑论》里将建筑学作为一门独立的艺术进行了坚决的捍卫，第一次明确提出了对建筑师的专业知识和背景的限定，为建筑师职业在西方的正式确立打下基础。他将建筑师和工匠明确地划分开来，在他看来，能够与其他科学中最伟大的大师们并列在一起的人物，既不是木匠，也不是一般的工匠，手工操作者并不比建筑师手中仪器的作用更大。那些称之为建筑师的人，从完美的艺术与技术的角度来说，是通过思考与发明，既能够设计，也能够实施的人；是对于建筑工作过程中的所有部分都了如指掌的人；是通过对巨大重物的移动，对体量的叠加与联结，能够创造出与人的心灵相贯通的伟大的美的人。他认为建筑师在社会中的作用是无可替代的，为了公共的服务、安全、荣誉以及美观，我们应该充分地仰赖建筑师。

建筑在文艺复兴时期作为一种艺术和科学得到重视，与绘画和雕塑并列为艺术的三大门类。由于设计和施工开始分离，使得建筑师得以专注于创作和设计，在住宅、教堂、宫殿和公共建筑等方面进行了大量创新。这个时期的建筑师开始研究古希腊和古罗马的建筑遗迹，将这些元素融入他们的设计中，并且开始关注人文主义、比例和对称性，创造出具有古典主义色彩的建筑。著名建筑师如米开朗琪罗（Michelangelo Buonarroti）、达·芬奇（Leonardo da Vinci）、帕拉第奥（Andrea Palladio）等。与古罗马时期的建筑师运用平、立、剖面图来表达建筑构思不同的是，文艺复兴时期的建筑师们常常制作实体模型进行设计方案的研究，为现代建筑学奠定了基础（图1-25～图1-28）。其中，帕拉第奥是这个时期的专业建筑师，这类建筑师要先经过7年的石匠、泥瓦匠训练，并且熟练掌握几何和绘图；然后，作为一位建筑师的助理为建筑师工作2～3年。具有这样的技能和经验的人才能当上统领其他各种手工艺人的负责人。

图1-25 米开朗琪罗制作的模型与建筑细部

文艺复兴时期，建筑师越来越多地接受正规的教育和培训，他们通常会在一个大师的工作室里做学徒，学习绘图、建筑设计和施工技巧。这一时期，建筑师对结构技术依然是根据经验法则进行处理，而不是进行科学的计算，因此建筑与艺术在这一时期密不可分，而将建筑学作为一门艺术学科进行教授和实施的观点，是在法国大革命后由皇家美术学院改组建立的巴黎美术学院得到了系统化的承认。

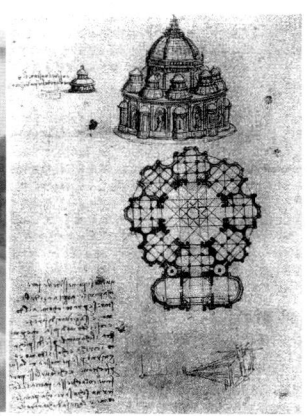

图 1-26　达·芬奇的建筑工作模型及设计手绘图

图 1-27　帕拉第奥母题　　　　图 1-28　帕拉第奥圆厅别墅

到古典主义时期，各个国家开始成立艺术学院和建筑学院，使建筑作为一门艺术得以更好地传承和传播。17世纪初，法国的路易十四时期，国家采取了保护和支持艺术家的政策，创建皇家科学院，为科学院的会员提供工作保障和养老保障，成为艺术家的经济后盾和保护人，并且在很大程度上主导着建筑样式。1671年创建皇家科学院分院——建筑科学院，并开设了附属学校，成为欧洲最早培养建筑师的教育机构，形成了法国的学校教育和校外学徒实习相结合的"工作室教育体系"（Atelier System）。1793年，皇家科学院改为"学士院"，由自然科学、道德政治学、美术和文学三个部分组成，建筑师属于美术和文学部分。1819年建立的"巴黎国立高等美术学校"（Ecole Nationale Superieure des Beaux-Arts），成为综合艺术家的摇篮。1768年英国成立了英国皇家学院，由一群艺术家和建筑师组成，提供了一系列的教育课程，包括绘画、雕塑和建筑。学院举办年度展览，展出学院成员和其他艺术家的作品；负责颁发一些重要的艺术奖项，如特纳奖（Turner Prize）；还定期举办各种讲座和研讨会，探讨艺术和建筑的最新发展。学院通过教育、展览和奖项等方式，促进了艺术和建筑的发展，支持了无数艺术家的创作和发展。19世纪初，学院派兴起，巴黎综合工科学校（Cole debs Ponts et

Chaussées）和英国的建筑学院开始提供更为系统的建筑教育课程，包括数学、物理学、绘画和设计。20世纪初，现代主义建筑师如瓦尔特·格罗皮乌斯（Walter Gropius）和勒·柯布西耶（Le Corbusier）等人在德国的包豪斯（Bauhaus）学校推广了一种新的教育模式，设置了更加丰富的专业课程，培养了一批建筑设计人才。

工业革命时期是一个重要的历史时期，这一时期的建筑师面临着工业化和城市化带来的巨大挑战，建筑技术和材料得到革新，取得重大突破。钢铁和混凝土的出现为建筑师提供了更多的选择和可能性，使得建筑高度和规模限度得到空前扩大，这些也促进了建筑师设计理念的发展。例如法国建筑师古斯塔夫·埃菲尔（Gustave Eiffel）设计的埃菲尔铁塔（图1-29、图1-30）就是工业革命时期建筑技术创新的代表作之一。此外，英国建筑师约瑟夫·帕克斯顿（Joseph Paxton）设计的伦敦"水晶宫"（图1-31），是早期采用钢铁和玻璃结构的大型公共建筑，对后来的现代建筑产生了重要影响。工业革命还带来了城市化进程，城市人口快速增长，在城市建设和住宅设计方面给建筑师提出了新的挑战，推动了建筑师的创新和实践，为现代建筑师的出现和兴起奠定了基础。

图1-29　法国巴黎埃菲尔铁塔

图1-30　埃菲尔铁塔图纸

图1-31　英国伦敦的"水晶宫"及其背景

20世纪初，现代主义建筑运动兴起，强调功能主义、简洁的线条、几何形状和工业化生产的方法。建筑师如柯布西耶、格罗皮乌斯和密斯·凡·德·罗（Ludwig Mies

Van der Rohe) 提出"功能至上""形式随功能"等设计理念,强调简洁、实用和工业化生产,推动了建筑从装饰性向功能性的转型。

随着建筑行业的发展,建筑教育也变得更加系统和专业。世界各地的大学陆续开设了建筑学课程,培养了新一代的建筑师。同时,建筑师的职业发展也得到了更多的关注,专业认证和继续教育成为行业的重要组成部分。计算机技术的进步极大地改变了建筑师的日常工作方式。数字工具和软件,使得建筑设计和规划更加精确、高效。建筑师可以借助这些工具进行复杂的模拟和分析,创造出前所未有的建筑形式。

1.2.1.2 我国建筑师职业的起源及发展历史

在中国,建筑师的职业同样具有悠久的历史。早在春秋战国时期,就已经有了专门负责建筑的官职,如"梓匠"和"匠人"。在封建王朝时期,皇家设有专门的建筑机构,如唐代的"将作监"和宋代的"营造司",这些机构中有一批专门负责皇家建筑设计和施工的官员和技术人员。到了明清时期,出现了类似现代建筑师概念的职业,如"样式雷"家族,他们负责设计皇家建筑,并具有较高的专业地位。中国古代的建筑活动通常与工匠群体紧密相关,工匠们通过师徒传承的方式,掌握了建筑技艺,他们负责建筑的施工和细节处理,但通常没有明确的建筑师身份。在封建社会,建筑师往往与文人墨客有所交集,因为后者不仅精通文学,也涉猎建筑设计,能够在建筑项目中起到指导和设计的作用。

但是,中国传统的建造活动中只有业主/委托人和承包商/施工者两方,而无作为第三方职业的建筑师存在。在这种没有第三方作为技术监管存在且技术、专业信息严重不对称的情况下,业主很难把握建造时间进度和造价成本,因此,在官方业主中就专门雇用专业技术工匠入官形成工程部、营缮部以克服专业知识和信息的障碍,实现建造计划、设计、监管,同时制定专门的建筑规范,设计并不作为一项独立学科和工作。

直到1910年左右,在西方建筑教育的影响下,上海圣约翰大学成立了中国的第一个建筑系。后续,清华大学、同济大学等高校也相继开设了建筑系,中国的建筑师培养体系逐渐建立和发展起来。

总之,建筑师职业的产生和发展是人类文明进步的体现。从古代文明到现代文明,建筑师在不断探索和创新中,为人类建筑事业作出卓越贡献。

1.2.2 建筑师角色和职责分化

1.2.2.1 西方建筑师角色和职责分化

认为建筑师应当是全能人才的定位一直延续到18世纪末,人们试图将设计师与建筑师的传统职业区分开来。从建筑师与测量师开始区分,到建筑师与工程师区分开来,一直持续到20世纪30年代。英国议会的两项"建筑师注册法案"所制定的建筑师职业制度,对世界各国的建筑业发展都起到了极大的示范作用。

西方职业建筑师的起源始于18世纪末的英国,两个很关键的因素促使近代建筑师职业的形成:工业革命的推动和教育体系的建立。随着议会制度的发展带来的贵族制度的破产和艺术保护人制度的消亡，资本主义的发展和城市的扩张带来了大量的建设投资，建筑的视觉艺术性让位于技术性和经济性，建筑师和建筑设计逐渐从雕塑师和形式装饰转化为工程师和技术经济问题，建筑师由艺术家转化为一种职业。为保障建筑师的能力和诚信并以此获得社会认可，催生了作为独立职业的建筑师：以专门的教育和职业性的认证为技术保障，以自律的行业组织和规范化的技术道德为伦理基础的职业获得了社会的认同。

在过去很长时间里，"表现图"和"施工图"之间并没有很大的区别，但随着工业革命的发展，新的结构技术和材料的应用，还有更复杂的设备系统和新颖的装饰方法出现，设计的实践更加倚重施工的各个阶段所需要的一系列专门化图纸，从而在根本上改变了设计的实践性质；社会生活内容方式的巨大变化还带来了新的建筑类型，建筑师的工作内容也发生了相应的变化。于是，建筑师的职责随之出现分化与转换。

彼得·柯林斯（Peter Collins）在《现代建筑设计思想的演变：1750—1950》一书中，将"新时代"的建筑师划分为："其中第一种是演进的，末一种是革命的，其余的则是介于这两者之间的。"

"演进的建筑师"——保持古典主义哲学，任其在社会需要的变化中自动演进，往往被指责为保守的反动分子。

"革命的建筑师"——追求一种正常演进过程所难以产生的建筑风格。

"介于二者之间的建筑师"——复兴古罗马、古希腊或文艺复兴的建筑，或是复兴中世纪的民族建筑并加以改良。

伴随着"摩天大楼""大跨度展馆"等新建筑类型的出现，过去口传身教的结构经验终于被严谨的科学计算和力学实验所取代。分工合作中，建筑师必须具备房屋建筑学的基本概念，而工程师需要了解必要的工程材料力学知识。这种分工带来的不是单纯的建筑师肩上责任的减轻，它更应该是两者的紧密合作以及知识内容的丰富，这样促使了建筑师在建设项目中的角色变化。自20世纪70年代以来，普遍认为人类社会的发展开始进入一个以信息革命、生物革命和知识经济为特征的后工业时代。然而工业化的快速发展产生了很多社会问题，如能源危机、生态破坏、缺乏人文关怀等。建筑师的社会角色的变化将会改变现代意义上的职业传统，而趋于多元化。

纵观西方建筑理论史的发展，可以看出建筑师推动建筑理论的形成和发展，而建筑理论又塑造建筑师，并推动建筑实践。因此，建筑师的发展与建筑理论的发展密切相关、相互作用。西方建筑史上出现了伟大的建筑师，反复论证建筑师的作用与建筑师的培养是建筑理论的重要内容。

（1）格罗皮乌斯与包豪斯学校

格罗皮乌斯是德国现代主义建筑的重要代表人物之一，也是包豪斯学校的创始人之一。包豪斯学校是20世纪初艺术、设计和建筑领域的一个革命产物，它倡导功能主义设计理念，强调实用性、简洁性和生产过程的合理性。包豪斯的成立与现代建筑师的培养标志着现代主义设计的诞生。

包豪斯的第一阶段：格罗皮乌斯任校长，提出"艺术与技术新统一"的崇高理想，聘请艺术家与手工匠师授课，形成艺术教育与手工制作相结合的新型教育制度。

包豪斯的第二阶段：汉纳斯·梅耶（Hannes Meyer）任校长，强调产品与消费者、设计与社会的关系,加强了设计与工业的联系,此时包豪斯的各车间都大量接受企业设计委托。

包豪斯的第三阶段：密斯任校长,将包豪斯迁至柏林,加强了建筑设计为主的学术研究,强调技术精美;但由于纳粹上台,包豪斯被迫永久关闭。

在包豪斯的学校里,设有木工车间、砖石车间、钢材车间、陶瓷车间等,学校里没有"老师"和"学生"的称谓,师生彼此称之为"师傅"和"徒弟"。包豪斯时期,建筑师的职能似乎与其他设计领域发生了某种整合,例如家具设计,尤其是在理论思想和专业培养的出发点上,确实存在着这种趋势。这正是建筑师职业在分化过程中的转型。当时的社会现实是大工业生产方兴未艾,社会分工不断细化,这种概念上的整合恰恰是为进一步的分工细化提供准备和技术上的保证。

（2）柯布西耶

柯布西耶于1907年先后到布达佩斯和巴黎学习建筑,在贝伦斯事务所学习时遇到了格罗皮乌斯和密斯,他们后来一起开创了现代建筑的风格和理念。

柯布西耶出版的《走向新建筑》,否定了19世纪以来因循守旧的建筑观点、复古主义的建筑风格,歌颂现代工业的成就,其中最著名的观点是"住房是居住的机器",鼓吹以工业的方法大规模地建造房屋,对建筑设计强调"原始的形体是美的形体",赞美简单的几何形体。1926年他提出著名的"新建筑五点"——底层架空、屋顶花园、自由平面、横向长窗、自由立面（图1-32）,还对城市规划提出许多设想;他认为在现代技术条件下,完全可以既保持人口的高密度,又形成安静卫生的城市环境,所提出高层建筑和立体交叉的设想是极有远见卓识的。

第二次世界大战后他的建筑设计风格明显发生了变化,从注重功能转向注重形式;从重视现代工业技术转向重视民间建筑经验;从追求平整光洁转向追求粗糙苍老,有时是追求原始的趣味。因此,他在战后的新建筑流派中仍然处于领先地位。他的设计经常引起很大的争议,但其中的逐层后退等设计方法却被许多非洲和中东国家采纳。

图1-32　柯布西耶的代表作之一——萨伏伊别墅（充分体现了"新建筑五点"）

（3）密斯

密斯没有接受过正式的建筑学教育,他对建筑最初的认识与理解始于父亲的石匠作坊和亚琛（Aachen）那些精美的古建筑。可以说,他的建筑思想是从实践与体验中产生的。直至现在,在美国和其他各地包括中国的密斯风格追随者还在引申和发展这套理论。

密斯主张建筑必须具有时代性、工业化，他找到了他认可的工业化新材料——钢和玻璃，其严谨的逻辑思维使他坚持"少就是多"的建筑设计哲学。它的具体内容主要寓意于两个方面：一方面是在结构上，即简化结构体系，精简结构构件，讲究结构逻辑，使之产生没有屏障，或屏障极少的建筑空间；另一方面是在建筑艺术造型上，净化建造形式，使之成为不具有任何多余元素，只是由直线、直角、长方形与长方体组成的几何构型图。他还开创了与以往的封闭或开敞空间截然不同的流动、贯通、隔而不离的空间——"流动空间"（图1-33）。并且在流通空间中，大的空间被划分为几个互相联系贯通的小空间，当人们把其中的隔墙移走，留下来的将是一大片空间整体。在这片空间中，人们可以随意布置，将其改造成自己想要的任何形式，这就是"全面空间"。这种空间可以"以不变应万变"，只要有一个整体的大空间，人们可以在其内部随意改造，各种不同的需求就能得到满足了。

密斯用极为大胆、简单和完美的手法将建筑学的完整与结构的朴实完美地结合在一起。他特别注意室内架构，也特别重视将自然环境、人性化与建筑融合在一个共同的单元里面。坚持"细节就是上帝"，精确与严谨的施工，选材与对材料颜色、质感和纹路的精心暴露，使造型显得更加明晰、精致、纯净与高贵，具有百看不厌的形式美。

图1-33 古根汉姆博物馆（密斯的代表作之一，充分体现"少就是多""流动空间"）

（4）弗兰克·劳埃德·赖特（Frank Lloyd Wright）

赖特认为，"有机建筑就是人类精神的活的边界，活的建筑，这样的建筑当然而且必须是人类社会生活的真实写照，这种活的建筑是现代新的整体"。这种"活"的观念能使建筑师摆脱固有形式的束缚，注意按照使用者、地形特征、气候条件、文化背景、技术条件、材料特征的不同情况而采用相应的对策。这种从自身寻求解答的方法也使灵感永不枯萎，创新永无止境。

赖特主张建筑物的内部空间是建筑的主体，他试图借助于建筑结构的可塑性和连续性去实现整体性。这种连续可塑性包括平面的互迭、空间的接续；墙、楼面、平顶既各为自身又是另一方的连续延伸，在结构中消除明确分解的梁柱体系，尤其是悬臂的运用，为整体结构、空间的内伸外延提供了技术可能。

赖特的建筑作品充满着天然气息和艺术魅力，其秘诀就在于他对材料的独特见解，泛神论的自然观决定了他对材料天然特性的尊重（图1-34）。

图 1-34　赖特代表作之一——流水别墅

总的来说，从 18 世纪末延续到 20 世纪 30 年代，人们试图将设计师与自 16 世纪以来的建筑行业的传统职业区分开来。伴随着西方文明的社会分工的深入，建筑师的职能发生分化。建筑师职能最大的分化之一是随着工程师的产生而出现的。这种分化拓宽了建筑学专业的职能范围，促进了设计内容的丰富。20 世纪以来，随着设计和施工的复杂性不断提高，建筑业迅速由一种小工业发展为国民经济的支柱产业，内部分工越来越复杂，如建筑师、结构工程师、设备工程师、施工公司、材料供应商，还有许多其他相关人员等。一方面建筑设计的深度在加强，建筑师需要更加专业化和更全面的知识；另一方面建筑师又需要更强的综合能力来协调不同专业人员的工作。西方国家专业化建筑师事务所和建筑公司体制的出现标志着建筑师的职业分化基本完成，建筑过程被分割为类似工业生产的流水线，各工种设计人员各司其职。

在现代的建造／建筑生产过程中，业主／雇主／客户、设计方／建筑师／工程师（含设计监理业务）、承包商／施工方（含总承包商、分包商、专业供应商）三方面构成了建造／建筑生产体系的基本生产关系。

建筑师作为专业技术人员和业主利益的代理人，在业主要求的环境品质和限定的资源条件下，制定建筑的功能和技术性指标，并创造性地整合各种技术方案和空间安排，通过设计图纸与文件的表达记录方式，向施工者准确地传达并监督、协调其实施过程。在此，建筑师俨然作为项目全程管理者的角色出现了。世界各国也普遍认为建筑师的主要业务范围和内容有三项：设计，包括方案构思和呈现；施工文件编制，包括协调各专业设计；合同管理，包括施工监督。在方案设计阶段、扩大初步设计阶段和施工图阶段的主要任务是提供设计来满足业主的要求，而在投标阶段和施工及施工管理阶段的主要任务是与承包商就施工建造进行协调。

1999年国际建筑师协会（UIA）北京第21届代表大会通过的"国际建筑师协会关于建筑实践中职业主义的推荐国际标准"中规定：建筑学实践包括提供城镇规划以及一栋或一群建筑的设计、建造、扩建、保护、重建或改建等方面的服务。这些专业性服务包括（但不限于）规划、土地使用规划、城市设计、提供前期研究、设计、模型、图纸、说明书及技术文件，对其他专业（咨询顾问工程师、城市规划师、景观建筑师和其他专业咨询顾问师等）编制的技术文件作应有的恰当协调以及提供建筑经济、合同管理、施工监督与项目管理等服务。

由此可见，从现代社会的承认与规范化的行业标准来看，作为一种职业的建筑师必须具有两种基本素质和三重法律身份。

两种基本素质：

① 作为行业专家的专业技能和职业技巧；

② 作为社会公正和公平维护者的诚信和责任。

三重法律身份：

① 作为独立的合同执行者——建筑师是设计合同的执行人，是与业主/客户进行经济活动的一方主体，也需要追求适当的利润和相应的合同条件；

② 作为业主的代理——建筑师作为业主利益的代表和受托人对建筑全过程进行监督，对业主汇报所有与业主利益密切相关的重要信息并负责确保专业的品质和业主的利益；

③ 作为司法性的官员——建筑师必须兼顾公众利益和业主利益，并作为判断业主和承包商在合同执行中的公平法官和专业鉴定者。建筑师在建造过程中必须依照合同作出合理的解释和公平公正的决策，并充当业主和承包商的专业中介和纠纷调解员。

1.2.2.2 我国建筑师角色和职责分化

在中国古代，建筑师主要是为皇家以及统治阶层服务的，官式建筑和城市规划是他们的主流工作，传统的建造活动严格遵循礼制原则，体现着等级制度和儒家文化的精神。古代建筑师通常兼具设计和施工的职责，他们不仅要负责设计图纸，还要监督施工现场，确保建筑质量和进度。职责也不仅限于单体建筑的设计，还包括整个园林、宫殿、城市等大规模建设项目的规划布局。即使这样，他们的社会地位并不高。直到明清时期，建筑师的地位才有所提升，部分有成就的建筑师甚至被封为"工匠状元"。古代工匠在长期的实践中，不断研究和创新建筑技术。例如，木结构建筑的榫卯技术、砖石结构的砌筑技术等，古代建筑以其独特的木结构体系、砖石结构、园林建筑和城市规划而闻名，注重布局、风水和象征意义。其中，木结构建筑是古代中国建筑的代表，以榫卯结构、斗拱、飞檐等特征著称。这些建筑风格和技术在数千年的历史中得到了不断的完善和发展（图1-35～图1-38）。

《周礼·考工记》关于都城的设计的规定："匠人营国。方九里，旁三门。国中九经九纬，经涂九轨，左祖右社，面朝后市，市朝一夫"。意即：都城规模是九里见方的正方形，每面开三个城门，城内南北和东西各有九条街道，每条街道的宽度为九轨，轨宽八尺。城内帝王的祖庙在左边居东，社稷坛在右边居西，朝廷在前，即南部，商市即市场居后，即北部，市和朝各占地一百亩。图1-39、图1-40为我国唐、明两个朝代的都城平面图。

图1-35 秦阿房宫的3D复原图

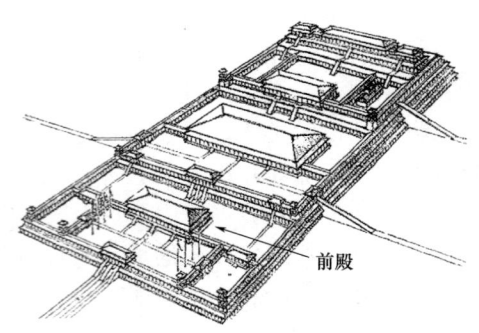

图1-36 西汉未央宫前殿复原图

图1-37 故宫太和殿

图1-38 故宫三大殿全景

中国古代建筑史上涌现出许多著名的建筑师和工程师，如宇文恺、李春、蔡卞等。他们负责设计和建造了许多重要的宫殿、寺庙、陵墓、城市和园林，如北京的故宫、古都长安（现在的西安）和洛阳的城市规划、河北赵县的赵州桥、江苏扬州的瘦西湖、苏州的拙政园、留园等，展现了中国古代建筑师的高超技艺。

中国古代建筑师的实践经验逐渐积累形成了丰富的建筑哲学和理论。如《营造法式》《园冶》等著作，对建筑的构造、设计、施工等技术进行了系统的总结，在建筑哲学、规划和园林艺术等方面对后世建筑设计产生了深远的影响。

随着中国经济的快速发展和城镇化进程的加快，建筑行业成为了一个重要的支柱产业。在这一过程中，中国建筑师的职业地位不断提升，建筑设计职业也呈现出职能分化的趋势。中国建筑师逐渐形成了具有民族特色和时代精神的设计理念，他们既注重建筑的功能性和美观性，又强调建筑与环境的和谐共生。在这个过程中，中国建筑师不断汲取国内外的先进设计理念，将传统与现代相结合，为城市发展注入新的活力。近年来，许多中国建筑师在国际建筑设计竞赛中脱颖而出，赢得了国际声誉，他们在项目决策、设计创新等方面的发言权越来越大。

纵观中国建筑师职业的发展，在中华人民共和国成立前，政府对建筑师专业身份的建制，最早始于广州政府制度下的"绘图人"；后经历1927年底上海公布实行的《上海特别市建筑师工程师登记章程》制度下的"设计者"；1929年颁布《技师登记法》，建筑技师属于土木科或其他工业科技师；1938年颁布《建筑法》，正式确立了建筑师证照制度的实施；直到1944年《建筑师管理规则》，其中有"建筑师以曾经经济部登记并领有证书之建筑科或土木科技师技副为限"，并明确了建筑师行业管理的内容，还首次以政府法规的形式确立了建筑设计收费标准，规定"建筑师受委托办理事件，得与委托人约定收取4‰～9‰之公费，但仅涉及绘图而不监工时，其取费率应减2‰"。至此，近代对于建筑师专业的建制正式宣告完成，并以国家法规形式赋予从事这一职业者"建筑师"的正式名称。

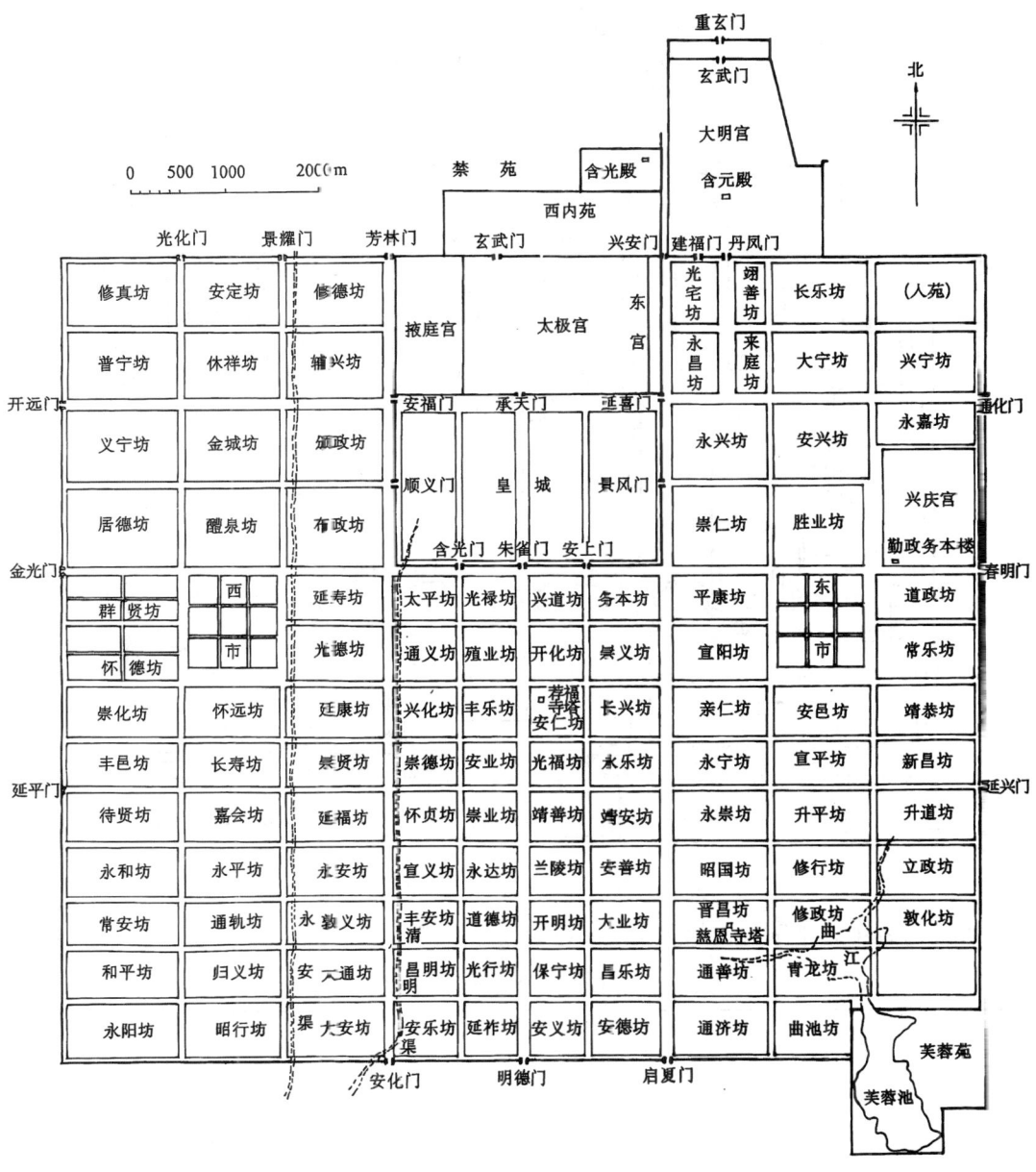

图1-39 唐长安平面图

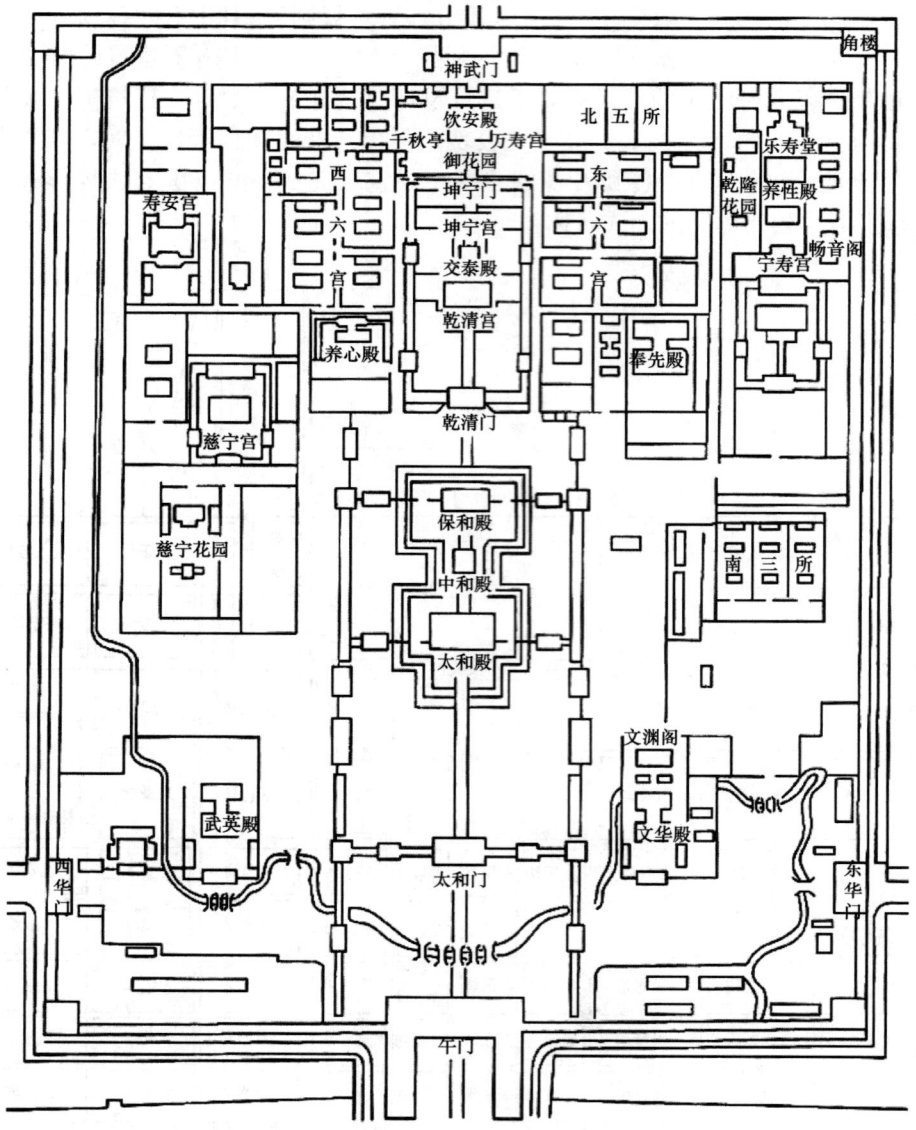

图 1-40 明故宫平面图

在此过程中,中国建筑师按照时间可以划分为四代,如表 1-1 所示。

表 1-1 不同时代中国建筑师代表人物

时代及特点		代表人物
第一代	大部分于 20 世纪 20 年代末或 30 年代初登上建筑舞台,那时中国未开办建筑教育,都是留学国外学建筑学的	庄俊 关颂声 杨廷宝 林克明 梁思成 林徽因 童寯

续表

	时代及特点	代表人物
第二代	中华人民共和国成立前大学毕业的，出国留学的占少数	陈伯齐 夏昌世 卢毓骏 刘鸿典 陆谦受 陈明达 徐中 林乐义 佘畯南 朱畅中
第三代	中华人民共和国成立后大学毕业的，20世纪30年代至60年代	贝聿铭 吴良镛 潘形成 张锦秋
第四代	20世纪70年代以后成长起来的，目前仍活跃在设计界	崔愷、李兴钢等一众设计大师

我国现代意义的建筑和建造体系是随着西方文化的"炮舰外交"传入和中国留学生的学成归国逐步展开的，建筑师作为一个"进口"的职位挤进既有的社会结构和建筑生产体系。1923年，从美国留学回国的庄俊在上海开设了"庄俊建筑师事务所"；同年，从日本留学回国的柳士英创办苏州工业专门学校建筑科；1927年"上海市建筑师学会"成立并于翌年更名为"中国建筑师学会"并出版会刊《中国建筑》。标志着中国建筑师通过学习和移植，在中国建立起以"洋学"为主、自由职业为体制的西方现代意义的建筑师职业、教育和行业组织，并在西化崇洋的风气中迅速确立了社会地位和职业领域。

（1）吕彦直与彦记建筑师事务所

吕彦直是中国著名建筑师，1913年就读于美国康奈尔大学（Cornell University），获建筑学学士学位；1921年返回中国，进入墨菲事务所上海分所工作。1923年成立"彦记建筑师事务所"。1925年设计了广州中山纪念堂及纪念碑和南京中山陵（图1-41、图1-42），并承担了南京中山陵施工监理等任务。

图1-41 广州中山纪念碑（吕彦直作品）

图1-42 南京中山陵（吕彦直作品）

吕彦直的设计理念是"公共建筑,为吾民建设精神之主要表示,必当采取中国特有之建筑式,加以详密之研究,以艺术思想设图案,用科学原理行构造"。

(2) 范文照

范文照曾经就读于美国宾夕法尼亚大学建筑系,留美期间接触了大量古典建筑,特别学习了巴黎美院的学院派设计方法,注重柱式、比例、尺度、韵律、对称等设计语言。1927年开设私人建筑事务所;1930年与其他建筑师成立中国营造学社,研究如何将中国古建筑元素融入现代建筑。他设计的美琪大剧院(图1-43)入选第三批中国"20世纪建筑遗产项目"名录,还设计了南京大戏院(图1-44)、南京铁道部大楼、励志社总社、协发公寓、集雅公寓、南京国立中央大学新校园等一系列代表作品。

范文照早年曾提倡将中国古建筑的元素融入现代建筑,1933年开始转向提倡现代主义建筑,认为应该"首先科学化而后美化"。作为第一位在上海造欧式建筑的华人,他对上海近代建筑中现代主义设计思想的产生起了重要的影响。

图1-43 美琪大戏院(范文照作品)　　图1-44 南京大戏院(范文照作品)

(3) 童寯

童寯曾留学于宾夕法尼亚大学,回国后任沈阳东北大学建筑系教授;1931年与陈植、赵深组建"华盖建筑师事务所",1938年在重庆、贵阳设"华盖建筑师事务所分所";1944年任重庆中央大学建筑系教授,抗战胜利后迁回南京,1949年中央大学改名南京大学,任南京大学建筑系教授,后为南京工学院建筑学教授,是建筑界融贯中西、通释古今的大师,被公认为"建筑四杰"之一。他设计的南京外交大楼(图1-45),成为创造现代民族风格成功的实例,还设计了南京首都饭店、上海恒利银行、南京下关电厂、上海金城大戏院(图1-46)、南京金城银行别墅、原国民党政府资源委员会办公楼、重庆炼铜厂、四川资中酒精厂等大量作品。他还编写了《近百年西方建筑史》《新建筑与流派》《江南园林志》《东南园墅》等著作,这些作品和著作在中国近现代建筑史中具有重要地位和深远影响。

在近代建筑市场环境下,随着建筑师活跃度和影响力的提升,国内开始出现有关建筑师的组织和团体。

1927年冬,上海市建筑师学会成立,并于1928年更名为中国建筑师学会。第一届学会公推庄俊为会长,范文照为副会长。李锦沛、董大酉、范文照、陆谦受等著名建筑师曾任历届会长。上海建筑师学会实行会员制,会员分类严格,共分三等:正会员、仲会员和名誉会员。中国建筑师学会的主要活动包括学术经验交流、举行建筑展览、仲裁建筑纠纷、推举宣传中国建筑师、提倡应用建筑材料等。作为中国第一个职业行会组织，制定了建筑师业务规则等一系列行业标准和准则，对建筑师承揽业务的收费标准和收费方式作出详尽的规定。

图1-45　南京外交大楼（童寯作品）

图1-46　上海金城大戏院（童寯作品）

1947年9月，南京市建筑技师公会成立。1948年第二次全体大会上选举理事包括关颂声、黄家骅、林澍民、刘敦桢、卢毓骏、邱式淦、童寯、徐中、杨廷宝、叶树源、张峻为理事，卢于正、邱式淦、林澍民为监事。公会完全行使行业协会的职能，除了维护代表会员集体利益外，还负责制定地方行业标准，主持编纂制定的《工程委托契约》，规定了建筑师受业主委托之后按照南京市建筑技师公会建筑师业务规则办理业务。

从史料分析和实际运行情况来看，南京市建筑技师公会是标准的地方行业协会，而立足于上海的中国建筑师学会则在建筑学术研究、建筑业发展以及宣传交流等方面发挥了重大作用，二者皆在当时的建筑市场环境下，有力地促进了建筑师职业的社会认同。

1.2.2.3　各国建筑师定位比较

英国、美国及日本等国的建筑师作为业主的专业代理人和利益代表，在建筑生产过程中自始至终发挥着重要作用。业主与建筑师的工作基础——信赖关系和代理责权在专业化、规范的操作模式中得到法规和行业准入、行会组织的保障和强化。业主集中于投资等职能，投资要求经过建筑师翻译为建筑设计条件和性能要求，并在综合的问题解决过程中具体化为建筑物。建筑设计及技术由业主委托给建筑师全权处理，业主只提局部意见和最终的认可。建筑师在建造过程中扮演了业主/雇主和承包商/施工者之间的中立、公正的第三方角色。业主与建筑师各司其职地进行专业化操作。

在中国，业主与建筑师的工作完全建立在采购合同与雇佣关系基础上，建筑师只是满足业主要求的绘图人和图纸承包商，没有形成对建筑师基本的专业信赖和信誉基础。同时由于制度的原因，造价、工期、质量控制等现场的合同管理职能从建筑师手中剥离，或移交给没有相应技术和伦理支撑的监理工程师，以致于建筑师游离于设计实现的现场之外，失去了对材料、造价、施工乃至最终成果的发言权和著作权。

总之，我国建筑师角色和职责分化是随着我国社会历史的发展而发展的，并且随着我国建筑行业的发展，建筑师职业角色还在不断演变。

1.3 建筑师的管理体制

1.3.1 建筑师注册制度

建筑师的注册制度，西方国家早于中国。1900年举办的巴黎世博会，促进了建筑、工程等行业的国际交流，为后续职业标准的制定奠定了基础。1925年英国的职业建筑师注册制度公布，1927年英国建筑师注册法（建筑师资格，考试与注册，建筑教育等）获得通过，并在1938年修改完成。南北战争后，美国的建筑业迅猛发展，但建筑师的水平良莠不齐，在1884年成立的美国西部建筑师协会（WAA）的推动下，伊利诺伊州于1897年率先通过了建筑师注册法，随后全美各州在1951年完成了立法。

如前面章节所述，建筑教育可以追溯到1743年法国巴黎美术学院的古典艺术的建筑教育体系，而真正的职业化教育则被认为源于1890年前后英国建筑联盟（AA）的职业化演变——由建筑的民主、自助学习场所转变为雇用教师和设立考试科目的职业培训基地。美国的建筑教育起源于1865年，麻省理工学院（MIT）引入以巴黎美术学院为范本的建筑教育。于1948年6月28日，国际建筑师协会在瑞士洛桑成立，当时有27个国家建筑师组织的代表参加。其宗旨是联合全世界的建筑师，建立起相互了解、彼此尊重的关系，交换学术思想和观点，在国际社会代表建筑行业，促进建筑和城市规划不断发展，并确定建筑师的职能和职业范围，积极支持各国的建筑师组织去维护建筑师的权利和地位。

当代中国注册建筑师职业的建立和管理发展经历了多个阶段，并在不断地探索和完善中。在我国，建筑师职业的早期发展可以追溯到20世纪初。当时，中国的建筑师主要受西方建筑教育的影响，并在外国建筑事务所工作。这个阶段的建筑师职业尚未形成完善的注册和管理体系。中华人民共和国成立后，建筑师职业得到了一定程度的重视和发展。1952年，中国建立了第一所建筑工程学院，标志着中国自有建筑教育的开始。在此后的几十年里，建筑师职业主要集中在国家重要的建筑工程上，如公共建筑、工业建筑等。但由于各种原因，这一时期的建筑师职业发展相对缓慢，注册和管理体系不够完善。

改革开放后，中国建筑行业迎来了快速发展期。1988年4月，国家建设部（现住房城乡建设部），将相关职能划归建设部。1992年，建设部组织召开关于建立建筑师、工程师注册制度研讨会，同年10月，建设部印发了《建筑师、工程师注册制度研讨会纪要》，并宣布成立领导小组；

1993年11月，党的十四届三中全会通过的《中共中央关于建立社会主义市场经济体制若干问题的决定》中指出，"要制定各种职业的资格标准和录用标准，实行学历文凭和职业资格两种证书制度"。根据这一要求，人事部（现人力资源社会保障部）按照国务院的部署，把建立和推行专业技术人员执业资格制度作为一项重点工作，并作为深化职称改革工作的一项重要内容，有计划、有步骤地组织实施了各类执业资格制度；

1995年，国务院发布施行《中华人民共和国注册建筑师条例》，1994年试行、1995年开始正式实施的建筑师注册考试制度，同年进行了一级注册建筑师全国统一考试；

1996年，建设部成立了执业资格注册中心，并将注册建筑师、注册结构工程师考试、注册继续教育、国际合作等工作交由中心承担；

1996年，建设部发布《中华人民共和国注册建筑师条例实施细则》；

1996年12月，《注册建筑师执业及管理工作有关问题的暂行规定》提出将于1997年1月1日起实行注册建筑师制度；

2000年，国务院发布实施《建设工程勘察设计管理条例》，明确对从事建设工程勘察、设计活动的单位实行资质管理制度，对从事建设工程勘察、设计活动的专业技术人员实行执业资格注册管理制度，未经注册的建设工程勘察设计人员不得以注册执业人员的名义从事建设工程勘察、设计活动；

2000年10月，《建筑工程设计招标投标管理办法》要求招投标文件要由具有相应资格的注册建筑师签章并加盖单位公章；

2000年12月，《建筑工程设计事务所管理办法》出台，建筑工程专业设计事务所资质标准规定，三名具有良好职业道德和业绩的一级注册建筑师作为发起人即可成立建筑专项事务所，三个一级注册结构工程师即可成立结构专项事务所；

2001年1月，建设部出台了《工程勘察资质分级标准》《工程设计资质分级标准》，对设计企业注册建筑师和结构工程师人数提出明确要求，甲级设计企业技术骨干要有80人，一级注册建筑师2人，一级注册结构工程师不少于4人，高级工程师不少于20人；

2002年全面实施"一级注册建筑师职业实践标准"；

2004年10月，建设部发布了《关于建设部机关直接实施的行政许可事项有关规定和内容的公告》，对建设部可以实行的各项行政审批列举了法律依据；

2005年，注册建筑师管理委员会出台了《关于注册建筑师执业资格注册管理有关事项的通知》，对执业资格注册的实施程序、申请与受理、审查与决定等事项做了检查和清理，把原本由建设部审批的权力交给了注册建筑师管理委员会，增加了"变更注册"一项，对注册人员变更注册不再有特别的限制；

根据2000年7月1日生效的全国注册建筑师管理委员会和美国注册建筑师委员会签署的《促进国际实践的双边认同书》，2001年10月双方第一批各10名建筑师列入对方的《认同书》名册，允许其合作执业，即可以到对方国与当地注册建筑师合作设计；

2003年6月29日，中央政府与香港特区政府签署了《内地与香港关于建立更紧密经贸关系的安排》，2004年2月17日，由全国注册建筑师管理委员会副主任李竹成和香港建筑师学会会长沈埃迪共同签署了注册建筑师的资格互认协议，一致认为内地与香港在建筑师专业考试大纲、试题及实践培训范围等标准的实质内容上基本相同，同意进行互认，互认的原则是互惠互利，数量对等，户籍控制。从2005年开始已有两批建筑师和结构工程师通过考试达到资格互认；

2006年12月4日，《关于允许台湾地区居民取得注册建筑师资格有关问题的通知》规定自2007年起，凡符合注册建筑师资格考试报名条件的台湾地区居民均可在大陆报名参加一、二级注册建筑师资格考试，在规定的期限内通过全部科目考试的人员可获得注册建筑师资格证书。

至此，我国完成了有关注册资格的国际互认，中国的注册建筑师可以在互认前提下开展国际业务。

1.3.2 建筑师的执业管理

国家对从事人类生活与生产服务的各种民用与工业房屋及群体的综合设计、室内外环境设计、建筑装饰装修设计，建筑修复、建筑雕塑、有特殊建筑要求的构筑物的设计，从事建筑设计技术咨询，建筑物调查与鉴定，对本人主持设计的项目进行施工指导和监督等专业技术工作的人员，实施注册建筑师执业资格制度。

《中华人民共和国注册建筑师条例》指出，我国的注册建筑师是指依法注册，获得《中华人民共和国一级注册建筑师证书》或《中华人民共和国二级注册建筑师证书》，在一个建筑设计单位内执行注册建筑师业务的人员。注册建筑师分为一级注册建筑师和二级注册建筑师。注册建筑师资格原则上通过全国统一考试取得。在一个项目周期内，在与业主、规划局、施工单位、审查质检消防等设计管理单位、内外装修景观设计等相关单位的合作，及内部各个专业的同事交错合作的过程中，注册建筑师起着核心作用。

1.3.2.1 注册条件及管理

（1）持有在有效期内的《注册建筑师执业资格证书》者，即具有申请注册的资格，未经注册，不得称为注册建筑师，不得执行注册建筑师业务。

（2）《注册建筑师执业资格证书》持有者，自证书签发日期起五年内未经注册，未达到继续教育标准的，其证书失效。

（3）已取得注册建筑师证书的人员，注册后有下列情形之一的，由注册单位撤销注册，收回注册建筑师证书：

① 完全丧失民事行为能力的；

② 受刑事处罚的；

③ 因在建筑设计或者相关业务中犯有错误，受到行政处罚或者撤职以上行政处分的；

④ 自行停止注册建筑师业务满二年的；

⑤ 国家建设行政主管部门发现有关注册建筑师管理委员会违反注册规定，对不合格人员进行注册的。被撤销注册的当事人，对撤销注册、收回注册建筑师证书有异议的，可以自接到撤销注册建筑师证书通知之日起十五日内向注册管理机构申请复议。

1.3.2.2 报考条件及考试

（1）符合下列条件之一的可以申请参加一级注册建筑师执业资格考试：

① 取得建筑学硕士以上学位或者相近专业工学博士学位，并从事建筑设计或者相关业务二年以上的；

② 取得建筑学学士学位或者相近专业工学硕士学位，并从事建筑设计或者相关业务三年以上的；

③ 具有建筑学专业大学本科毕业学历并从事建筑设计或者相关业务五年以上的，或者具有建筑学相近专业大学本科毕业学历并从事建筑设计或者相关业务七年以上的；

④ 取得高级工程师技术职称并从事建筑设计或者相关业务三年以上的，或者取得工程师技术职称并从事建筑设计或者相关业务五年以上的；

⑤ 不具有前四项规定的条件，但设计成绩突出，经全国注册建筑师管理委员会认定达到前四项规定的专业水平的。

前款第③④⑤项规定的人员应当取得学士学位。

（2）符合下列条件之一的，可以申请参加二级注册建筑师执业资格考试：

① 具有建筑学或者相近专业大学本科毕业以上学历，从事建筑设计或者相关业务二年以上的；

② 具有建筑设计技术专业或者相近专业大学专科毕业以上学历，从事建筑设计或者相关业务三年以上的；

③ 具有建筑设计技术四年制中专毕业学历，并从事建筑设计或者相关业务五年以上的；

④ 具有建筑设计技术相近专业中专毕业学历，并从事建筑设计或者相关业务七年以上的；

⑤ 取得助理工程师以上技术职称，并从事建筑设计或者相关专业三年以上的。上述规定学历中，大学本科及以上学历的建筑设计相近专业包括城市规划和建筑工程专业，大学专科学历建筑设计的相近专业包括城乡规划、房屋建筑工程、风景园林和建筑装饰专业，中专学历建筑设计的相近专业包括工业与民用建筑、建筑装饰、城镇规划和村镇建设专业。

⑥ 不具备上述规定学历人员，从事建筑设计工作累计十三年以上，且作为项目负责人或专业负责人完成建筑工程分类标准四级以上四项项目（全过程设计），其中三级以上项目（或中型工业项目）不少于一项者。

（3）注册考试：注册考试分为一级注册建筑师考试和二级注册建筑师考试。注册建筑师考试实行全国统一考试，原则上每年进行一次，由全国注册建筑师管理委员会统一部署，省、自治区、直辖市注册建筑师管理委员会组织实施。

① 一级考制：8年一循环——滚动式考试。

科目（六科）：

设计前期与场地设计（2.5h）；

建筑设计（3.5h）；

建筑结构、建筑物理与设备（4.0h）；

建筑材料与构造（2.5h）；

建筑经济、施工及设计业务管理（2.5h）；

建筑方案设计作图（6.0h）；

② 二级考制：4年一循环——滚动式考试。
科目（四科）：
法律法规、经济与施工（3.0h）；
建筑结构与设备（3.5h）；
场地与建筑设计（作图）（6.0h）；
建筑构造与详图（作图）（3.5h）；

以美国、英国、日本和中国四个国家建筑师的资格认证做比较，可以更好地了解国内外对于建筑师的管理区别。

美国的建筑师认证由各州负责，要求通过州际考试，并且满足一定的继续教育要求，而每个州的要求可能有所不同。美国的建筑师通常需要获得专业学位，并且要通过多项考试获得执照。而且美国的建筑行业规范和标准是由各个州自行制定的，因此存在一定的差异，建筑师需要遵守所在州的建筑法规和标准。

英国的建筑师认证由皇家建筑师学会负责，分为不同级别，从初级助理到高级建筑师。英国的建筑师通过获得建筑学学位（通常为本科或硕士）后，需要完成一定的实习经验，并通过职业能力测试来获得资格。

日本的建筑师认证由日本建筑协会负责。建筑师通常是完成了本科建筑教育，并获得相关学位，再通过国家统一的考试获得建筑师资格。

中国的建筑师认证由住房城乡建设部负责，要求通过全国统一的资格考试，并获得相应的执业资格证书。学生需要通过高考进入大学，学习建筑学专业，获得学士学位。毕业后，他们需要通过全国统一的资格考试获得建筑师资格证书。或者学习建筑相关专业，获得相关专业学位并有一定时间的工作经历，方可报考并通过全国统一的资格考试获得建筑师资格证书。中国的建筑行业规范和标准由国家相关部门统一制定和发布，各省、地市也有自己的规定，建筑师在设计和施工过程中需要同时遵循这些国家标准和地方规定。

总的来说，不同国家的建筑师在教育背景和认证管理上都有各自的特点和需求，这些差异体现了各自国家的建筑文化和行业发展水平。随着全球交流的加深，这些差异也在逐渐缩小，建筑师们可以从中学习到不同的设计理念和实践经验。

［课后思考与练习］

1. 以小组形式拜访或参观几家建筑企业，包括设计公司、施工企业、开发企业等单位，深入了解建筑、建造和建筑学的关系，以及建筑师职业与三者的关系。

2. 本科五年制建筑学专业毕业，获得工学学士学位，可以在参与相关工作几年后报名参加国家一级注册建筑师考试？建筑学专业硕士毕业并获得硕士学位的设计师，在进行相关工作几年后可以参加国家一级注册建筑师考试？

3. 在我国，国家一级注册建筑师与二级注册建筑师的区别有哪些？

2 建筑师业务基础知识

[纲要] 在建设项目的整个运作过程中,建筑师几乎是全过程参与的。作为专业人员,在从事建筑设计工作之前,对建筑师的业务范围、权利、责任和义务建立清晰的认识,了解自己的工作流程,培养正确的价值观和职业素养是非常必要且重要的。这不仅关系到建筑师个人的职业发展,更关系到建设项目质量和社会公共利益。

2.1 建筑师的业务范围及权利、责任和义务

2.1.1 建筑师的业务范围

建筑师需要明确自己的专业领域和业务范围,以及在这些领域内所需的专业知识和技能,有助于更好地规划自己的职业路径,提升专业能力。

2.1.1.1 我国建筑师的业务范围

我国较早对建筑师的工作范畴有较为明确规定的,是南京市建筑技师公会在1948年召开的第二次全体大会上制定的《工程委托契约》,这是中国建筑行业历史上一份重要的行业规则性文件。契约对项目合同中使用的专业术语和有关概念进行了明确定义,明确了委托方和受托方的权利、义务和责任,规定了工程的标准、施工流程、验收程序以及工程进度的时间节点,以及双方在履行合同义务时应承担的责任等事宜。其中,详细提出了建筑师受业主委托之后按照南京市建筑技师公会建筑师业务规则之规定,办理下列事务:

① 查勘建筑基地;
② 拟定建筑方案及草图;
③ 绘制正式图样;
④ 编订施工说明;
⑤ 代向主管机关请领营造执照;
⑥ 襄助业主招商投标及签订承包契约;
⑦ 供给工程上需要的详图;
⑧ 督查及指导工程的进行;
⑨ 审核应付款项,签发领款凭证并协助业主验收;
⑩ 必要时需代表业主与各项专家商洽工程上一切问题;
⑪ 解释委托工程的一切纠纷及疑问。

这十一项内容代表了当时建筑行业内部认同的建筑设计师的业务范畴,促进了民国

时期建筑市场的健康发展，也为近现代建筑师的工作范畴提供了参考。

1996年，中华人民共和国建设部发布的《中华人民共和国注册建筑师条例》以及《中华人民共和国注册建筑师条例实施细则》，明确了注册建筑师的执业范围包括：建筑设计、建筑设计技术咨询、建筑物调查与鉴定、对本人主持设计的项目进行施工指导和监督，以及国务院建设主管部门规定的其他业务。建筑设计是指房屋设计及其相关业务，而相关业务是指规划设计、室内外环境设计、建筑装饰装修设计、古建筑修复、建筑雕塑、有特殊建筑要求的构筑物的设计等。建筑设计技术咨询，是指建筑工程技术咨询，建筑工程招标、采购咨询，建筑工程项目管理，建筑工程设计文件及施工图审查，工程质量评估，以及国务院建设主管部门规定的其他建筑技术咨询业务。其中，一级注册建筑师的执业范围不受工程项目规模和工程复杂程度的限制；二级注册建筑师的执业范围只限于承担工程设计资质标准中建设项目设计规模划分表中规定的小型规模的项目；注册建筑师的执业范围不得超越其聘用单位的业务范围；注册建筑师的执业范围与其聘用单位的业务范围不符时，个人执业范围服从聘用单位的业务范围。

可见，我国建筑师的业务贯穿在完整的建设程序里。我国目前的基本建设标准程序可以分为投资决策及前期、投资建设期、生产期三个阶段和以下六项工作：

① 编制和报批项目建议书；
② 编制和报批可行性研究报告；
③ 编制和报批设计文件；
④ 建设准备工作；
⑤ 建设实施；
⑥ 项目施工验收、投产经营和使用后评价。

近年来，国家提出推行建筑师负责制，即以担任民用建筑工程项目设计主持人或设计总负责人的注册建筑师（以下称为建筑师）为核心的设计团队，依托所在的设计企业为实施主体，依据合同约定，对民用建筑工程全过程或部分阶段提供全寿命周期设计咨询管理服务，最终将符合建设单位要求的建筑产品和服务交付给建设单位的一种工作模式。

建筑师依托所在设计企业，依据合同约定，可以提供工程建设全过程或部分以下服务内容。

① 建筑师可参与规划：参与城市修建性详细规划和城市设计，统筹建筑设计和城市设计协调统一。

② 提出策划：参与项目建议书、可行性研究报告与开发计划的编制，确认环境与规划条件、提出建筑总体要求、提供项目策划咨询报告、概念性设计方案及设计要求任务书，代理建设单位完成前期报批手续。

③ 完成设计：完成方案设计、初步设计、施工图技术设计和施工现场设计服务。综合协调把控幕墙、装饰、景观、照明等专项设计，审核承包商完成的施工图深化设计。建筑师负责的施工图技术设计重点解决建筑使用功能、品质价值与投资控制。承包商负责的施工图深化设计，重点解决设计施工一体化，准确控制施工节点大样详图，促进建筑精细化。

④ 监督施工：代理建设单位进行施工招投标管理和施工合同管理服务，对总承包商、分包商、供应商和指定服务商履行监管职责，监督工程建设项目按照设计文件要求进行施工，协助组织工程验收服务。

⑤ 指导运维：组织编制建筑使用说明书，督促、核查承包商编制房屋维修手册，指导编制使用后维护计划。

⑥ 更新改造：参与制定建筑更新改造、扩建与翻新计划，为实施城市修补、城市更新和生态修复提供设计咨询管理服务。

⑦ 辅助拆除：提供建筑全寿命期提示制度，协助专业拆除公司制定建筑安全绿色拆除方案等。

目前，江苏、重庆、山东、西藏、陕西等多个省（自治区）出台建筑师负责制工作实施方案，坚持试点先行，旨在尝试通过建筑师负责制的实施，提升工程建设质量和建筑品质，充分发挥建筑师及其团队在工程设计或设计咨询、造价咨询、项目管理、工程监理等方面的专业技术优势和管理协调主导作用。这也预示着我国建筑师负责制的全面推行进入倒计时，对建筑师来说既是挑战也是个极好的机遇。

2.1.1.2 国外的建筑师业务范畴

（1）美国建筑师协会（AIA）建筑师的业主服务条款包含以下基本服务：
① 项目管理服务；
② 支持服务（由业主及其顾问等提供）；
③ 评估与策划服务；
④ 设计服务；
⑤ 施工管理服务；
⑥ 合同管理服务；
⑦ 设施调试服务；
⑧ 服务进度表；
⑨ 其他服务。

此外，如果收到明确指示，建筑师应提供以下附加服务：编写任务书；场地勘测服务；地质勘察服务；空间图表/流程图；现有设施调查；经济可行性研究；场地分析和选择；环境研究报告；业主提供的数据的协调；进度发展和监控；土木工程设计；景观设计；室内设计；特殊招标和谈判；估价分析；细分费用估测；现场项目代表；施工管理；启动协助；竣工图纸；合同后评估；租户相关服务。

从以上服务条款可知，美国对于建筑师的业务及能力要求相当高，不但要掌握包括手工绘图、计算机辅助设计软件等一系列技术技能，还需要能够管理项目的时间、预算和资源，更需要具备领导能力和良好的与客户、承包商、工程师和其他项目参与者沟通的能力。建筑师在建设项目中的责任感、创造力以及处理复杂问题的能力，是建筑师在美国建筑设计市场保持竞争力的保障。

（2）新加坡建筑学会（SIA）服务条款包括基本服务和附加条款两部分。

基本服务包括方案设计阶段、设计发展阶段、合同文件阶段、工程施工阶段、工程完工阶段。

除此之外,根据业主(甲方)的需要,建筑师还要提供以下附加条款服务:工地建议;工程检查;监督;谈判;指示变更;延误的工作;划分使用单位;用地性质的变化;租赁规划;特别提示;专业见证人;特殊服务。

日本东京建筑师协会的建筑设计的基本内容及成果文件要求,包括基本设计和实施设计两部分,每部分的工作内容都明确规定了信息收集及准备、设计条件的设定、比较分析、整合/综合化和设计成果五个方面的要求,如表 2-1 所示。

① 信息搜集与准备包括:业主设定条件的把握与详细分析;类似实例的调查;相关法令的调查以及正式沟通与确认;现场踏勘及确认;与政府主管部门的沟通;设计团队的甄选;设计进度的安排与调整;各种相关的协调与沟通等多项内容。

② 设计条件的确定包括:在基本设计的基础上对设计条件的设定;各部分性能要求的确认;建设预算及工程造价的设定;法规及相关限制条件的整理与把握;设计方针的确定(产品设定)等多项内容。

③ 比较分析的规定包括:建筑各部分性能的研讨;设计费的估算;设计、空间、建筑形态、使用材料、工程造价及施工技术的研讨等多项内容。

④ 整合/综合化的规定包括:确定功能配置、空间构成、流线设计、防灾计划、设施配置、平面配置、剖面设计、立面设计;各种设计的综合调整;建筑的内外部空间设计、平立剖面设计、各部分材料做法的确定;工程造价概算与调整等多项内容。

⑤ 设计成果的规定包括:设计概要、设计说明;材料做法表;总图;各层平面图、立面图、剖面图;设备设置图(电气,给排水,暖通空调);各部分细部图纸及工程概算书等多项内容,并明确规定了图纸的深度要求。

表 2-1 日本建筑设计的基本内容及成果文件要求

	基本设计	实施设计
信息收集、准备	业主设定条件的把握; 现场踏勘; 类似实例的调查; 相关法令的调查; 与政府主管部门的沟通; 设计团队的甄选; 设计进度的安排; 各种相关的协调与沟通	业主设定的设计条件的详细分析、把握; 现场详细踏勘及确认; 使用材料样本及产品; 目录的收集; 各种法规要求; 研讨程序的正式沟通与确认; 设计进度计划的调整
设计条件确定	设计条件的设定; 性能要求的确认; 法规等限制条件的整理; 建设预算的设定; 设计方针的确定(产品设定)	在基本设计的基础上确定设计条件; 各部分要求性能的确认; 法规及相关限制条件的把握; 工程造价的设定; 在基本设计的基础上; 确定设计方针

续表

比较分析；	基本设计	建筑性能的研讨； 设计研讨； 为保证设计实现的设计费估算	实施设计	各部分功能的研讨； 空间表现的研讨； 形态的研讨； 使用材料的研讨； 工程造价的研讨； 施工技术的研讨
整合/综合化；		功能配置的确定； 空间构成的确定； 流线设计的确定； 防灾计划的确定； 设施配置的确定； 平面配置的确定； 剖面设计的确定； 立面设计的确定； 各种设计的综合调整		外部空间设计； 内部空间设计； 平面设计； 剖面设计； 立面设计； 各部分材料做法的确定； 防灾设计； 色彩设计的确定； 工程造价概算及调整
设计成果		设计概要、设计说明； 材料做法表； 总图； 各层平面图； 剖面图； 立面图； 设备设置图（电气，给排水，暖通空调）； 工程概算书		设计说明、设计规程、面积表、门窗表； 材料做法表； 用地位置图； 总图； 各层平面图； 剖面图、立面图； 基础图、楼板图、梁柱图、屋架图； 天花图； 设备配置图； 工程概算表； 建筑审查用文件

2.1.1.3 从职能范围和技术背景两方面，比较我国执业建筑师的建筑服务特点

国外建筑师的工作贯穿于策划、设计、施工的全过程，建筑师有一个较长的周期和较多的技术人员共同优化设计和实现建筑生产。建筑师具有丰富的建筑技术、材料、施工方面的知识，对设计和建筑服务总体负责并领导和组织各专业顾问公司的工作。

国内建筑师与各专业工程师、施工者是各自领域的决策者，在建筑师陶醉于设计的同时，各专业工程师是以完成各自工作和向下一阶段交底，完成任务为目标的，建筑师也只是图纸设计人，工地仅限于图纸交底、验收和现场工作交接。

综上所述，国内外多个国家对建筑师的设计工作和服务条款的规定基本覆盖了建设项目的整个生命周期，从项目最初的构思、设计、施工到最终的维护和翻新。具体来说，建筑师在项目前期策划、方案设计、技术协调、施工监理、项目后期服务、法规与规范遵循、技术研究与创新、沟通协调等几个方面发挥着关键作用。建筑师的工作不仅仅是创作美丽的建筑外观，更是一个涉及多专业、多领域的综合性工作，需要具备广泛的知识、技能，还要有良好的沟通、协调、管理和创新能力，以及强烈的伦理责任感和持续学习的发展意识。

2.1.2 建筑师的权利、义务和责任

建筑师作为一个职业，有其一定的职业权利和需要履行的职业义务，更要担负一定的责任。

从法律法规、行业自律和职业教育等多个层面赋予建筑师的职业权利，是用来保障建筑师的职业利益，有助于保障建筑师群体的合法权益，能够促进社会资源的合理分配，可以提高社会整体效率和竞争力，防止垄断和不正当竞争，减少职业矛盾和冲突，对建筑师个人和社会都有着积极影响。

建筑师在从业过程中除了享有权利，还应该遵守相关的法律法规和行业标准，遵守职业道德，并且保证设计文件的准确性和完整性，保证建设项目的顺利进行。建筑师履行职业义务，能够帮助其维护自身职业名誉，促进职业的长期健康发展。

2.1.2.1 我国建筑师的权利

《中华人民共和国注册建筑师条例》（以下简称《注册建筑师条例》）明确规定了注册建筑师的权利，囊括了专业自主权、经济收益权、知识产权和职业发展权，并进行了明确的规定，例如：

（1）注册建筑师按照国家规定执行注册建筑师业务，受国家法律保护。任何单位和个人不得无理阻挠注册建筑师依法执行注册建筑师业务。[《中华人民共和国注册建筑师条例实施细则》（以下简称《注册建筑师条例实施细则》）第四十条]

（2）注册建筑师有权以注册建筑师的名义执行注册建筑师业务。非注册建筑师不得以注册建筑师的名义执行注册建筑师业务。二级注册建筑师不得以一级注册建筑师的名义执行业务，也不得超越国家规定的二级注册建筑师的执业范围执行业务。(《注册建筑师条例》第二十五条)

（3）国家规定的一定面积、跨度和高度以上的房屋建筑，应当由注册建筑师进行设计。(《注册建筑师条例》第二十六条)

（4）任何单位和个人修改注册建筑师的设计图纸，应当征得该注册建筑师的同意；但是，因特殊情况不能征得该注册建筑师同意的除外。(《注册建筑师条例》第二十七条)

建筑师所拥有的特定权利，主要是创作和表达自己设计理念的权利。建筑师在设计过程中有权利发表自己的专业意见，并有权利获得相应的劳动报酬，更有权利接受职业教育、培训或者参与专业组织，这些权利既可以保障他们的职业利益，也有助于推动建筑行业的创新和发展。

2.1.2.2 我国建筑师的义务

我国的《注册建筑师条例》明确规定了注册建筑师应当履行的义务，涉及法律法规和职业道德的遵守、继续教育等内容，比如：

(1) 遵守法律法规和职业道德，维护社会公共利益；保证建设设计的质量，并在其负责的设计图纸上签字；保守在执业中知悉的单位和个人的秘密。

(2) 不得同时受聘于两个以上建筑设计单位执行业务；不得准许他人以本人名义执行业务。(《注册建筑师条例》第二十八条)

建筑师的职业义务，主要是对建筑师的工作和执业行为进行一定的约束，保障执业质量，同时也是对客户（投资方、甲方）利益的保障，是对社会稳定和建筑事业发展的维护。

2.1.2.3 我国建筑师的责任

建筑师的工作不仅需要专业知识和技能，还需要对社会、文化和环境等负责。他们的设计和工作影响着人们的生活质量和环境的可持续性，因此承担着重要的责任。

(1) 对客户的责任：建筑师应仔细倾听客户的需求，向客户提供专业的建筑建议，包括设计、材料选择、成本控制和法规规定等，并将其转化为可行的建筑设计。

(2) 对项目的责任：建筑师应提供有创意的设计方案，满足功能需求的同时，也要考虑美学和用户体验，同时考虑技术的适宜性以确保建筑的安全、耐用和可维护性，并确保项目按工期、按预算和按质量完成。

(3) 对社会和环境的责任：建筑应考虑对社会的影响，包括无障碍设计、社区融合和文化遗产保护等；还要考虑对环境的影响，包括绿色建筑、节能减排、可持续设计等。

另外，建筑师在某种程度上还承担着一定的法律及赔偿责任。建筑师作为建筑项目的关键参与者，其工作质量和专业素质直接关系到项目的质量和安全。如果建筑师在设计过程中存在疏忽或失误，导致建筑存在安全隐患或功能障碍，可能会对使用者或第三方造成伤害或损失。在这种情况下，建筑师就需要承担相应的法律责任和赔偿责任。《中华人民共和国建筑法》规定建筑设计单位不按照建筑工程质量、安全标准进行设计的，责令改正，处以罚款；造成工程质量事故的，责令停业整顿，降低资质等级或者吊销资质证书，没收违法所得，并处罚款；造成损失的，承担赔偿责任；构成犯罪的，依法追究刑事责任。

2.2 建筑师的服务阶段及程序

2.2.1 建筑师的服务阶段

建筑师的服务贯穿于建设工程的全周期，即项目从开始创建到报废或者拆除的全部过程，包括前期决策立项、项目前期准备、工程建设实施和使用运营维护。可见，建筑师的职业服务不仅涵盖了建筑设计的全过程，还涵盖了整个建筑生产的过程。建筑师的角色可以是甲方（投资方、业主）的专业顾问、项目价值挖掘者、项目的定义者、建造过程的监督者和保障项目实现的设计师和管理师。

按照国际建筑师协会的推荐标准，建筑师在单个项目中的服务流程可以分为十个阶段：设计前期、方案设计、初步设计（扩初）、施工图设计、招标、谈判与合同签订、施工、交付阶段、施工后阶段、其他服务。这个过程中，建筑师的服务整合了各个专业（规划和总图建筑、结构、设备、电气、经济概预算等）和专项设计（建筑设计、室内设计、景观设计、物理环境设计、幕墙设计、专用设备设施设计、区域内配套设施等）的解决方案。

2.2.2 建筑师的服务程序及设计工作

2.2.2.1 建筑师的服务程序

建筑师的服务程序是围绕建设项目的进程开展的。在整个服务程序中，建筑师需遵循职业道德，尊重客户的需求，注重设计质量和实施效果，确保建筑物的安全、环保、舒适和美观。同时，建筑师还需关注行业动态和技术发展，不断学习和创新，提高自身的设计能力。

建筑师的服务程序主要包括以下十个方面：

① 接洽与初步咨询，组建设计团队：建筑师首先与客户进行良好沟通，了解客户的需求、预算、使用功能等信息，进行初步的咨询服务。在这一阶段，建筑师可能需要对项目地进行现场勘查，评估项目的可行性，筹备组建设计团队。此阶段看似没有进行真正的设计工作，但却是很关键的阶段，建筑师需要借此初步向客户展示设计团队和建筑师的综合实力，甚至要进行初步的商务谈判。

② 签订合同：在明确了客户的需求，甲方也对建筑师及其设计团队的专业认可之后，建筑师会与客户签订设计合同，明确双方的权利和义务，包括设计费用、付费节点、设计周期、成果要求和变更产生的追加费用等。

③ 设计前的准备：建筑师会进行资料收集、研究相关规范和法规，会对甲方的需要在规范和法规方面进行专业角度的考量，确保设计工作符合当地法律法规和建筑规范要求。

④ 概念设计：建筑师根据客户的需求和自己对项目的理解，提出初步的设计概念，包括平面布局、空间组织、形态设计等，并与客户进行沟通，对设计概念进行调整。

⑤ 方案设计：在概念设计的基础上，建筑师进行详细的设计工作，包括平面图、立面图、剖面图、细部设计等，并制作设计方案说明书和设计图纸。

⑥ 设计评审：设计方案完成后，建筑师需提交给相关部门进行审查，并根据评审意见优化整改设计方案，确保设计符合法律法规和建筑规范要求。

⑦ 施工图设计：在设计方案通过评审后，建筑师根据审查意见进行施工图设计，包括结构、水暖、电气等所有专业的设计图纸和说明书。

⑧ 施工期间的服务：建筑师需在施工期间提供现场服务，解决施工过程中出现的各种问题，确保设计意图得到准确实施。

⑨ 项目竣工验收：项目完成后，建筑师参与竣工验收，确保建筑物的质量和使用

功能符合设计要求。

⑩ 后期服务：建筑师还应提供一定期限的后期服务，解决在使用过程中出现的问题。

2.2.2.2 建筑师的设计工作

建筑师的设计工作，是跟随着服务程序开展的（图 2-1）。

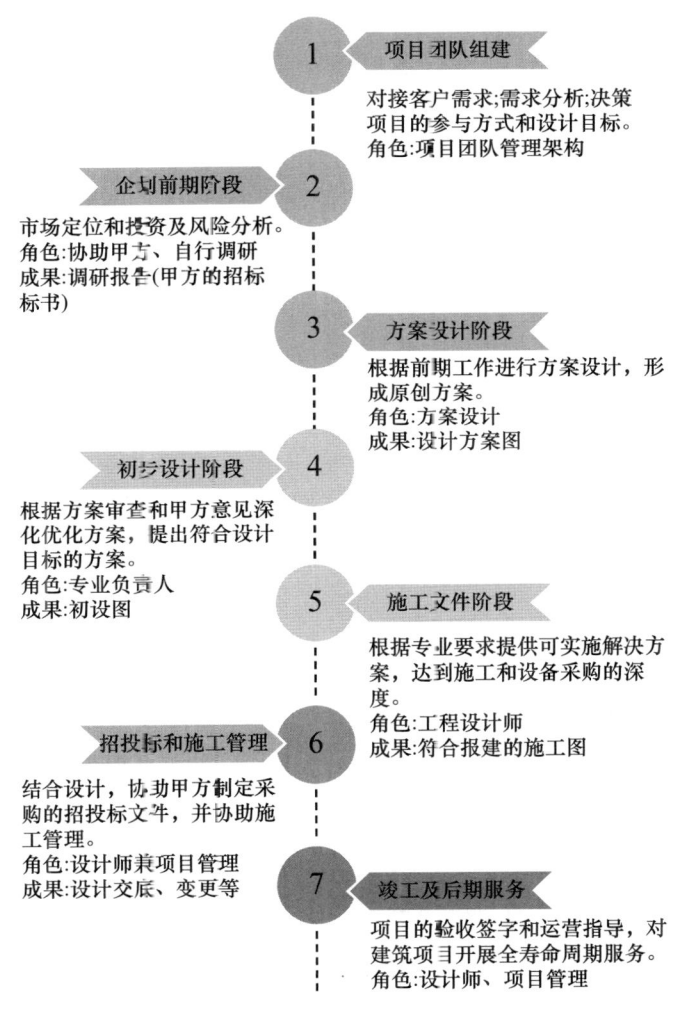

图 2-1 建筑师的设计工作

1. 项目团队组建

此阶段的目标主要是收集与评定项目及其甲方（投资方、业主）的信息，结合设计公司的情况和发展战略，决策项目参与方式，最终确定基本设计目标和设计人力安排。

(1) 项目团队人力安排

① 项目总监：由设计企业高层负责人担任，主要负责项目与公司整体的协调，以及人事安排和总体协调，人选一般要求具有建筑或结构专业技术背景。

② 专业团队：负责项目的建筑、结构、设备、电气、概预算等专业性设计的建筑

师及技术人员，职务聘任由各设计企业管理团队评审确定。

　　a. 工程主持人、项目负责人、项目主持人、项目主任工程师/建筑师；

　　b. 专业（投资方、业主）支持人，专业负责人；

　　c. 专业设计人；

　　d. 专业校核人、审核人、审定人——由富有经验的专业人员交叉承担。

　③ 管理团队：负责项目的内部管理和外部经营的管理人员，项目经理除外，其他成员可以由本项目的专业人员兼任。

　　a. 项目经理：负责甲方（投资方、业主）管理；定期与甲方（投资方、业主）联络和交流，收集与跟踪项目信息，管理项目进度、质量和投入；协助项目主持人的技术管理工作。

　　b. 项目助理：负责项目的日常联络和文档管理，协助项目经理处理项目事务，一般可由本项目的专业设计人员兼任。

　这样的团队架构既能保证项目在专业技术上的高质量，又能有效进行项目管理，确保项目的顺利进行。

　（2）项目评判

　① 信息收集：由项目经理负责联络甲方（投资方、业主）和收集与甲方（投资方、业主）及项目相关的商务资料和设计基础资料，以满足商务判断和设计开展的要求。

　　a. 商务资料：甲方（投资方、业主）的实力与信誉；项目的背景与实施的可能性；竞争对手状况及设计招投标程序；社会及市场宏观需求走向；参与项目的经济效益与社会效益的评估和设计公司发展战略等。

　　b. 设计基础资料：工程项目批准文件；建设主管部门意见（有关城市规划要求、位置红线图、用地文件）；选址报告及地形图；工程所在地气象、地质资料；设计标书（委托书）；建设场地周围市政道路、管网资料、环境评价资料等。

　② 商务评审（标书或委托书评审）：由项目经理主持，在设计公司高层全体参与的会议中，对甲方（投资方、业主）的实力与信誉，项目背景，项目实施可能性，项目的经济效益与社会效益，竞争对手状况，社会宏观需求走向，设计公司的发展策略等进行综合评估，决定是否承接项目。

　③ 设计评议：根据商务评审的结果，由项目总管主持，在设计公司高层全体参加的会议中，结合相关资料和商务评审结果，对设计的总体方向和甲方（投资方、业主）主要需求作出综合判断，确定项目设计的方向与设计服务"卖点"。

　④ 团队组建：根据商务评审和设计评议的结果，配备相应的项目主持人和团队总体投入，以及相应的技术和管理支持。

　（3）团队工作管理体系

　制定相应的会议制度和负责人制度，制定各环节核查单，建立资料归档制度。

　2. 企划前期阶段

　（1）阶段目标

　此阶段主要是协助甲方（投资方、业主）对建筑产品的市场定位及投资机会分析，调研环境条件及规划要求，协调组织可行性研究，协助甲方（投资方、业主）立项，最终利用专业知识指标化甲方（投资方、业主）需求，形成设计任务（招标）文件。

（2）实施步骤

① 现场踏勘：由项目经理组织，项目主持人及有关专业负责人参加，除搜集上述设计基础资料外，还需掌握并确认下列条件。

a. 工程项目批准文件，建设主管部门意见（有关城市规划要求、位置红线图、用地文件、项目批文、选址报告等）；

b. 用地边界图和地形图（坐标点、高程）；

c. 建筑场地内条件（高差、风向、朝向、当地气象资料、地震、地质情况）；

d. 场地周围环境、道路设施、邻近建筑功能及基础形式、绿化树木、古树或遗址分布等；

e. 供电、供水、电信、雨污水、热力管道及场地现有管网设施情况；

f. 环保、用地、消防、人防、卫生等要求拍摄现场环境及周边建筑照片、主要进入道路照片等；

g. 现场核定圈定的设计用地边界范围（含必要的丈量）；

h. 听取甲方（投资方、业主）对设计项目功能和使用上的意见及要求，针对影响项目进行或者投资的关键技术或环节进行探讨，以利于工作开展。

② 案例参观与调研：包括资料调研和实地参观两个部分。通过对功能、定位、规模、环境等相近的实例和案列的分析，商讨和感受最终项目产品的形式、空间、技术设备、服务系统等，感受本案所需产品的目标需求、最终形态和卖点特征，进而引导设计思想。

③ 专业协调与讨论：根据上述调研，通过组织协调各行业专家、甲方（投资方、业主）及设计主要负责人进行深入讨论，以确定目标市场和需求、产品功能和规模定位、产品卖点（形态、特征和价格）、主要解决方案和技术措施。

④ 研究性方案：在上述工作的基础上，结合市场和投资估算，以及规划和建筑的可能性，形成初步的咨询性方案。

（3）注意事项

① 根据项目情况，结合甲方（投资方、业主）要求，内部制定相应的项目推进管理制度和工作联系单，以保证服务质量。

② 完成相应的文件，包括踏勘报告、调研分析比较报告、概念咨询方案、工程进度和造价估算报告等（有必要的话还要形成项目建议书和可行性研究报告）。

③ 设计深度达到国家有关部门规定的编制深度要求。

④ 咨询工作完成后，咨询文件、来往函件、评审单、校审卡等资料按档案管理规定要求归档。

此阶段是设计前期必不可少的重要环节，却也是新晋设计师容易忽视的部分。在很多项目和服务中，甲方（投资方、业主）希望在企划前期阶段得到设计公司的免费服务。但笔者多年的从业经验认为，设计师可根据甲方（投资方、业主）要求及协议甚至市场因素来确定是否单独成立和收费。因为只有在明确的收费服务和合同约束下，才可以让建筑师更投入地参与前期阶段，其见解也更能够得到甲方（投资方、业主）的重视，从而使甲方（投资方、业主）获得真实、理性的判断基础。

3. 方案设计阶段（含方案投标及设计竞赛）

（1）阶段目标

① 明晰设计目标，形成针对市场定位和目标需求的轮廓性提案。

② 设计团队优化方案，在功能、造价、法规、进度等多因素的限制中确定规划和建筑物的功能和形态要素，并探讨出方案实现的关键技术。

③ 形成建筑产品的原创性形态，协助完成相应的政府手续。

（2）实施步骤

① 项目分析。包括场地分析、功能分析、竞争者分析、典例分析等。

a. 场地分析。对上述调研和收集的设计基础资料进行分析，包括道路交通、周边环境及周边配套设施、地形地貌、自然景观、有害因素、不良地质等。总之，是对场地及周边所有资源和限制条件进行综合考量。

b. 功能分析。功能分析是针对甲方（投资方、业主）要求的行为空间和形式的专业性还原和重组，是实现建筑品质的最本质手段。功能分析包括：功能由哪些单元组成；单元需要为哪些行为提供场所；行为需求怎样的空间；各单元空间之间的关联性和分类（内外、动静、洁污、私密与公共）；功能区的最佳组合和流线组织等。

c. 竞争者分析。市场环境下的产品定位必然要考虑相关的竞争者因素，因此建筑师在产品的设计中也必然需要分析。首先定位甲方（投资方、业主）的竞争者，分析本项目的优势、劣势、挑战和机遇，寻找可以胜过竞争对手的地方加以发挥，定位不利因素加以避让，让方案能够协助项目抓住机遇，迎接挑战，以保证自己的竞争优势。

d. 典例（典型实例）分析。建筑师利用平时积累的丰富资料，找出国内外同类型项目中的成功范例与甲方（投资方、业主）共享，也可以组织建筑师和甲方一起到案例现场进行考察研究和交流。在此过程中，建筑师可以与甲方（投资方、业主）达成更多理念和设计方向上的一致，从而便于给设计项目准确定位，激起双方共鸣。

e. 其他分析：地域性和新材料、新设备、新技术分析，项目周期和造价及利润分析等。

为更好地把控项目的设计定位，对其进行多方面分析是设计团队在设计探讨过程中的必然之举。因为每一个创意都是主观的，都是从模糊到清晰、从感性到理性、从片面到整体，方案形成的过程难免受限于建筑师的片面性和局限性，有时设计师会陷入"感觉"，使得方案可实施性受阻。分析的过程，甲方（投资方、业主）以决策人的身份亲自介入，与建筑师共同思考和推理，双方多角度的思考和负责的判断可以保证项目分析更加深入和实际，保证设计灵感来源于对实施性的深入洞察和创新性解决的基础上。

② 概念设计及多方案比较

a. 多方案形成与比较。包括：整体概念构思及方案发展方向；体量组合及分析；平面及空间构成与功能的契合；多角度探讨及分析草模；各专业技术的比较和评价。

b. 多方案建筑专业评审，确定设计方向和概念。通过多方案创作，由项目负责人组织团队内部进行多方案比较评审，主要针对方案草图（包括草模）、文字说明、主要技术经济指标等，确定最有发展潜力的设计方向和设计概念，根据上述调研分析与建筑师原创性思考，提出一个最具竞争力和可实施性的解决方案和优化提案。

c. 各专业配合建筑深化，设计概念的提出。在建筑研讨定向的基础上确定方向，分发各专业；各专业提出相应的技术要求和方案，面积、层高等要求，配合的方案深化设计。

d. 最终方案评审与提出。确定拟投标方案的设计图纸、文字说明、主要技术经济指标，各专业设计方案说明及需要研究解决的问题。由项目主持人主持方案的最终评审，检查方案是否满足委托书（招标书）要求，各专业是否存在技术漏洞，创意表达是否到位，设计概念是否准确符合项目定位。

概念设计成果要突出设计思想和创新点，能够准确表达设计师意图，能反映与甲方（投资方、业主）需求的贴合度，争取更大程度得到甲方（投资方、业主）认可。当然，在方案设计阶段根据设计公司内部和甲方（投资方、业主）的反馈进行多次优化和完善，甚至推翻重新构思，是本阶段很常见的现象，也是对建筑师能力和耐力极大的考验。

③ 成果完成与包装

a. 完善方案细部。深化落实概念方案，利用更大比例尺、更准确的工作草图、工作模型，推敲平面和造型的每一个细节，把方案落实、深入到最终方案深度。

b. 制作表现成果。通过表现图和模型以及分析图、意象图片等对设计概念和设计成果进行包装和制作。

值得注意的是，建筑表现的成果仅是一个建筑探索过程中的小成果和预期效果展示，是对自身方案的优化甚至纠错的过程，以保证设计作品的完善。因此，要尽量真实反映项目建设效果，切忌故弄玄虚，刻意美化图面，否则很容易在项目实施后因效果差别过大引起麻烦和纠纷，从而影响建筑师和设计单位的名誉；随着项目管理部门的监督越来越严谨，出现了因项目建设效果与方案效果图的差别过大导致项目无法验收的情况，这给建设单位和投资方造成极大的损失。

④ 配合报建（调整方案及报建）

a. 政府审批过程中必要的沟通和调研：报建过程中，针对各部门提出的疑问和要求，经常发生甲方无从解答或者解答不清楚的情况，这就需要建筑师协助甲方完成解答和沟通。

b. 设计成果的审核和修改：针对部门的疑问和沟通结果，对方案进行调整和完善，是设计工作下一个环节能够顺利进行的保障。

c. 最终成果的定案和归档：此阶段建筑师应及时提醒甲方（投资方、业主）对确定的方案签字并进行归档。

甲方（投资方、业主）在通过正式方案时总会有深入的、新的要求提出，建筑师的思考也在深入，调整是必然的；同时，需要针对规划、消防等有关政府部门的审批进行必要的调研，并依此调整和完善方案，避免多处反复影响申报进度。

4. 初步设计阶段（设计发展）

（1）阶段目标

① 原有方案的深化和完善，保证其规范性。

② 各专业工种的方案会审，保证其技术和法规层面的可实施性。

③ 政府审批手续的完成和甲方（投资方、业主）采购的准备。

（2）实施步骤

① 根据方案审查和甲方（投资方、业主）意见修改方案。

② 提出建筑条件图，各专业会审方案和技术交底。

③ 协调各专业确定结构体系，确定各种设备系统，定位设备机房，安排垂直管道的位置、空间与走向，研究水平管道以确定标高等，发现和协调各专业的问题与矛盾，并在此基础上发展和深化设计，确认达到设计深度要求并满足方案设计开始的设计目标和甲方（投资方、业主）要求。

（3）注意事项

① 严格各专业条件图制度，保障专业条件的书面原则。

② 严格执行评审会议和校核、审定等工作程序。

③ 设计的图纸、文件在出图、晒图、提交、归档前必须经过工程主持人的批准，工程主持人及有关专业负责人在设计图纸首页及主要图纸上加盖注册章。

④ 全部设计文件、资料，按档案管理规定的要求归档。

"初步设计""技术设计""扩大初步技术设计""设计发展"等都是从不同的角度对这一设计阶段的界定。这个阶段不但包括设计的深化和优化，以及设计技术条件和甲方（投资方、业主）要求的综合，也是设计发展的最后阶段（施工文件是依此阶段成果的细化和工程化），更是各个设计指标和性能要求得以实现的技术设计保障，同时为甲方（投资方、业主）的设备采购和施工准备提供了洽商的基本条件。此阶段有必要使用BIM（Building Information Modeling）技术进行数字化设计，为设计团队以及包括建筑运营单位在内的各方建设主体提供协同工作的基础，便于各专业人员和甲方对各种建筑信息作出正确理解和高效应对，尤其在项目规模较大或者较复杂的情况下更加实用和必要。

5. 施工文件阶段

（1）阶段目标

① 本阶段为设计的最终阶段，必须提供完整的、可实施的建筑解决方案。

② 各专业设计达到施工和设备采购的深度要求。

③ 设计达到报建标准，配合报建。

（2）实施步骤

① 修改初步设计方案。

② 协调各专业技术设计并调整方案。

③ 修改并完成全套施工图。

④ 完成全套规程（Specification，设计规格说明）。

⑤ 协调造价工程师完成预算。

⑥ 审核、汇签、报审。

（3）注意事项

① 严格执行专业条件的书面原则。

② 严格执行评审和校核、审定等工作程序，核查设计文件是否符合设计文件编制深度的要求，以及规划、环保、消防、人防、节能、抗震、交通、园林等的规定要求。

③ 严格执行专业互校工作，核对图纸是否相符。

④ 设计的图纸、文件在出图、晒图、提交、归档前必须经过工程主持人或项目负责人的批准，负责人及有关专业负责人在设计图纸首页及主要图纸上加盖注册章。

⑤ 全部施工图设计文件、资料，按档案管理规定的要求归档。

值得注意的是，施工图纸包括各专业的文字说明，目的是对不便于图纸表达或者需要特殊说明的材料和施工环节等工作的进一步说明，其全面性和严谨度需要严格审核，以保证图纸整体的质量和性能。

6. 施工合同管理阶段——招投标与施工管理阶段

（1）阶段目标

① 结合施工经验和力量，完善并实施建筑物的建造。

② 控制进度、造价、质量，进行施工合同管理。

③ 协调解决施工问题并作为甲方（投资方、业主）代表监理施工。

（2）实施步骤

① 招投标阶段

a. 应甲方邀请协助制定招投标文件。

b. 审查施工计划并进行设计交底：总平面、竖向设计、平面与建筑功能的要求，建筑和红线的关系及周边环境道路的关系；设计意图及对施工的要求；消防、环保、设备、装修等的具体要求；门窗设计及外墙设计及对施工的要求；对图面和施工中的问题进行协调或洽商；对加工订货要求的说明；解答甲方（投资方、业主）和施工方提出的问题和需要洽商解决的问题。

② 施工阶段

a. 行使建筑师职能，协助甲方（投资方、业主）协同监理方按照施工合同监督施工过程。

b. 提供必要信息和专业性的现场指导，解决、协调施工过程中建筑专业和结构、设备、电气、景观、装饰装修等专业及其相互之间的矛盾，保证工程施工顺利进行。

c. 对影响工程质量的其他问题进行必要的检查核对，协助甲方（投资方、业主）、监理方和施工方对关键性用材和有关产品的选用提出意见以达到设计预期的效果。

d. 对甲方（投资方、业主）要求的设计变更及室内设计装修、弱电设计等二次设计进行修改、补充和配合。

e. 派驻场建筑师/工程师协助监理方检查阶段进度及施工质量。

（3）注意事项

① 此过程要严格遵守程序和项目管理制度，做好会议纪要，坚持重要信息沟通书面化以及专业性。

② 要依据合同和施工文件（图纸与设计规格说明）参与施工合同和过程管理。

③ 及时与甲方（投资方、业主）和施工方进行沟通，在保证质量、进度、造价控制的前提下，通过建筑师的控制权限、职业判断和中立协调来保证设计意图得到最大限度的实现。

在我国，由于特有的监理制度的存在，此阶段的工作关系到甲方（投资方、业主）、建筑师、承包商、监理方四个方面，监理工程师和甲方（投资方、业主）的立足点是一般意义的施工质量控制和合同管理，而建筑师没有整体的控制权，所以如何保证设计意图的最大限度实现是对建筑师专业能力、沟通能力、管理能力等综合能力的极大考验。

7. 竣工及后期服务

(1) 阶段目标

a. 协助完成建筑商品的验收、文件存档和运营使用服务或指导。

b. 协助甲方（投资方、业主）进行商品建筑的推广与销售。

c. 通过了解使用后的意见回馈和相应的技术支持，提供建筑的全寿命服务。

(2) 实施步骤

① 帮助甲方（投资方、业主）完成竣工验收，督促施工方准备竣工图和维护手册。

a. 检查施工结构是否与设计图纸和洽商相符。

b. 对与设计不符或需整改的内容提出整改意见和要求。

c. 协助甲方同监理方一起约定工程遗留问题的解决途径和期限。

② 协助甲方（投资方、业主）进行商业推广等服务。

③ 设计回访。

a. 回访投资方，了解项目的使用情况、成本、设备等各方面的运转使用效果，检验设计效果。

b. 回访业主（使用者），了解项目的运转使用满意度。

c. 回访项目，自身检验建设效果，发现问题，积累经验，形成项目总结。

(3) 注意事项

① 全部设计文件、资料，按档案管理规定的要求归档。

② 建立定期回访制度，并以此初步改善设计质量。

总之，建筑师的服务和设计工作贯穿于项目的整个过程，主要是配合项目的进程节奏开展每个环节的工作。其中最重要、最复杂的是设计环节，但前期的决策参与、策划和后期的施工协调以及竣工后的设计回访和使用后服务，都属于建筑师的工作范畴，虽有项目管理的性质，但前期的参与也可以帮助建筑师了解甲方意图和项目性质，从而作出更合理的设计，并保证自己的设计意图得以最大限度地实现。后期的设计回访和使用后服务，可以帮助建筑师深入了解自己设计作品的优缺点，从而不断提升自己的能力和技术水平。

2.3　国内建筑设计机构及组织管理

2.3.1　国内建筑设计机构的历史与发展概况

国内建筑设计机构的历史背景和发展历程是与我国社会和经济发展紧密关联的。国内建筑设计机构从成立、发展到壮大的历程，体现了国家从模仿到创新、从自主发展到引领行业的进步。

(1) 设计机构建立初期

随着中华人民共和国的成立，为满足国家经济和建设的需要，建筑设计行业开始逐渐组建设计机构。早期的建筑设计机构多数是在政府的推动下成立的，它们的主要任务是满足国家基本建设的需求，多为国家直属的事业单位。比如，1952年，中央直属设计公司成立，之后更名为中央设计院，再后来更名为建筑工程部工业及城市建筑设计院。还有中国建筑学会等,它们承担着推动行业技术进步和学术研究的任务,这一时期的设计主要以实用和满足基本需求为主。这是中华人民共和国成立之后我国设计机构的代表。

受苏联等社会主义国家的影响,国内建筑设计机构在成立初期主要借鉴苏联的建筑设计模式和理念,注重建筑的功能性、实用性和经济性。

这个时期,为了迎接中华人民共和国成立10周年的庆典,在北京建成了人民大会堂、中国革命历史博物馆、中国人民革命军事博物馆、民族文化宫、民族饭店、钓鱼台国宾馆、华侨大厦、北京火车站、全国农业展览馆和北京工人体育场,号称"十大建筑"。在这些具有重要政治意义、文化意义、纪念意义和复杂功能要求的建筑设计过程中,建筑师们为实现大体量、大空间、新结构建筑兼顾民族风格,做了各种各样的探索。

另外,还在北京建成了人民英雄纪念碑、友谊宾馆、中央民族学院、亚澳学生疗养院,在重庆建成了重庆市人民大礼堂,在其他城市出现了杭州屏风山疗养院、南京农学院教学楼、兰州西北民族学院组群等一系列经典建筑。这些建筑代表了当时设计和施工的最高水平,体现了在中国共产党领导下,一代建筑师们的伟大信念和创作理念。

(2) 发展阶段

改革开放给建筑设计领域带来了新的发展机遇,原有的建筑设计机构开始重组或重建。20世纪80年代,建筑行业开始尝试从计划经济向市场经济转型,建筑设计机构逐步实行企业化管理,引入市场机制,提高设计质量和效率。

随着经济体制的转型,这一时期中国建筑设计机构大都以"××设计院"为名,这些设计院经历了从计划经济到市场经济的思想转变,开始接触并学习西方先进的设计理念和技术,逐步拓宽了设计视野,设计理念、手法和风格变得多样化,国际交流不断增加,建筑设计行业开始向市场化、多样化和国际化的方向发展。这一时期的发展成果为后来的建筑设计行业奠定了基础,并为中国城市化进程的快速推进提供了有力的技术支持,同时专业人才的培养和法规标准的建立为行业的发展奠定了坚实的基础。

为了适应建筑设计行业的发展,高等教育中的建筑学科得到了加强。清华大学、同济大学等高等学府的建筑学院开始培养更多的建筑专业人才,这些人才后来成为中国建筑设计行业的中坚力量。

这一时期,中国的建筑师开始接触和学习西方现代建筑设计理念,如功能主义、后现代主义等,并开始尝试将这些理念应用到实际项目中。

(3) 转型与创新阶段

进入20世纪90年代,随着市场经济的深入发展,建筑设计行业逐步适应市场化。国内建筑设计机构开始注重市场竞争,提升设计质量和水平,并逐步转型为企业。

随着科技的发展,国内建筑设计机构开始引入数字化设计工具,如计算机辅助设计(CAD)和建筑信息模型(BIM)等,大大提高了设计效率和质量。

国内建筑设计机构开始注重绿色建筑和可持续设计,响应国家关于生态文明建设的号召,推动建筑行业的绿色转型。

许多原来的"建筑设计研究院""设计院"等名称逐渐被更为市场化的名称所取代,如"建筑设计有限公司""设计集团股份有限公司""事务所""工作室"等,这些名称变化反映了机构从计划经济向市场经济转型的决心。这个时期还涌现出了许多私有的建筑设计公司，它们与国有和混合所有制的建筑设计机构共同构成了竞争激烈的市场格局。

20世纪90年代，我国积极参与国际建筑界的交流，陆续派出多名建筑师出国学习，引进国际先进的设计理念和技术，同时也有国际知名建筑师在中国进行设计创作和实践，给我国的建筑市场带来一些新的理念和对中西方文化融合新的理解角度。如贝聿铭设计的北京香山饭店、香港的中银大厦、北京的中国银行总行、苏州博物馆和安藤忠雄设计的成都国际会议中心、天津图书馆、深圳海上世界文化艺术中心等，都体现出建筑师对东西方文化融合的独特见解。

（4）国际化发展阶段

21世纪初，国内建筑设计机构开始参与到国际建筑设计竞争中，通过国际合作和交流，不断提升自身的国际竞争力，逐渐在国际舞台上崭露头角，开始承担一些国际知名建筑的设计工作，如北京国家体育场（鸟巢）、上海塔等。

随着国内建筑设计机构在全球设计领域的影响力逐步提升，开始有越来越多的国内设计作品在国际上获奖，中国的设计理念和文化得以通过建筑师的作品传播到全球，如华为欧洲研发中心的建筑是由中国建筑师设计的。

总的来说，中国建筑设计机构自创立以来，经历了从事业单位到企业的转变，从单一的实用主义到多元的现代主义设计理念的演变，从引进国外技术到自主创新的提升，以及从国内发展至国际影响力的增强，整个历史背景和发展历程，是与国家的现代化进程、经济发展、技术进步和国际合作紧密相连的。它们不断适应时代的需求，快速地进步和壮大，推动着国内建筑设计水平的提升和建筑行业的健康发展。

2.3.2 国内建筑设计机构的组织结构与模式

2.3.2.1 我国建筑设计机构的分类

目前我国国内建筑设计机构的分类方式是从多个角度考虑的，主要分为以下几个角度。

（1）按规模和资质分类

① 大型设计院：通常指具有甲级资质的大型综合类设计院，规模较大，拥有完整的专业体系，可以承担各类大型复杂项目的设计和咨询工作。

② 小型设计院：相对规模较小，可能是私人事务所或小型设计工作室，它们专注于特定的设计领域或项目类型。

中华人民共和国住房和城乡建设部制定的《建设工程勘察设计管理条例》《建设工程质量管理条例》和《建设工程勘察设计企业资质管理规定》明确规定了工程设计资质分为工程设计综合资质、工程设计行业资质、工程设计专项资质，设计单位按照其技术人员的能力和数量以及执业注册人员的数量和企业财务状况给予评定为甲级或乙级。其中工程设计综合资质只设甲级；工程设计行业资质和工程设计专项资质根据工程性质和技术特点设立类别和级别，各资质类别、级别企业可承担工程的范围有明确规定。

（2）按专业领域分类

① 综合设计院：提供全方位的设计服务，包括建筑、结构、给排水、电气、暖通

等多个专业。综合设计院可以分为以下四大类：

第一类是传统的部级院，如中国建筑设计研究院、华建集团（华东建筑集团股份有限公司）、中南建筑设计院股份有限公司、北京市建筑设计院有限公司、中国建筑西南设计研究院有限公司、中国建筑西北设计研究院有限公司等；

第二类是大学的设计院，如同济大学建筑设计院、天津大学建筑设计院、清华大学建筑设计研究院有限公司等；

第三类是民营设计院，比如××设计公司、××设计事务所、××工作室等；

第四类是省级和地方的设计院，比如××建筑设计研究院有限公司，××市建筑设计院有限公司等。

此外，还有大型施工集团的设计院，比如中建三局成立的设计总院等。

② 专业设计院：专注于某一特定专业领域，如专注于工业建筑、民用建筑、城乡规划、人防、钢结构等。

比如大土木类，包括在市政领域的八大市政院。在铁路领域，基本是铁一、铁二、铁三、铁四院等；在公路领域的省院和部院；在水运方面，一航院、二航院、三航院、四航院等。

比如能源、水利行业类，有电力领域的华东电力设计院、华电工程设计院、西北电力设计院、西南电力设计院、浙江省电力设计院等；另外还有火电、煤炭、水利水电等相关设计院；核电建设相对垄断，国家电投、中核、中广核集团下的设计院分别为上海核工程设计院、中国核动力研究设计院、中广核研究设计院等；另外，还有化工、机械、道桥等领域的设计机构。这些专业设计院在其特定的行业领域有其权威和技术龙头地位，但是在配套的建筑物、构筑物的设计方面的专业性要求不高，往往在一些大型的综合性较强的专业领域项目中，会联合民用建筑设计院共同完成某个项目。

比如化工类厂区设计，这类项目一般规模较大，工艺复杂，需要专业化工设计院和综合性的民用建筑设计机构联合设计。化工设计机构负责工艺流程设计，并对规划和建筑设计提出明确的要求，民用设计机构负责结合工艺要求和甲方意图，进行厂区规划和建筑设计，满足安全、实用、经济、美观的要求。

（3）按所有制形式分类

① 国有设计院（设计公司）：隶属于国家机关或国有企业，通常拥有丰富的资源和强大的技术力量。

② 民营设计院（设计公司、设计事务所、股份有限公司）：由私人投资创办，更加灵活多变，往往注重创新和市场响应速度。

③ 外资设计院（设计公司、股份有限公司）：外国投资者独资或与国内合作伙伴共同创办的设计机构，它们可能带来国际化的设计理念和技术。

（4）按服务对象和项目类型分类

① 民用建筑设计机构：这类机构主要从事住宅、商业、文化、教育、医疗、体育等民用建筑的设计。它们关注的是人类日常生活的需求和舒适度，因此在设计中更注重人性化、功能性和美观性。

② 工业建筑设计机构：工业建筑设计机构专注于工厂、仓库、生产线等工业建筑的设计。这类建筑设计需要考虑生产效率、安全、物流等因素，往往强调实用性、合理

性和经济性。

③ 农村建设设计机构：农村建设设计机构主要负责农村居民住宅、乡村基础设施、农业设施等的设计。这类设计需要兼顾农村特点和农民需求，注重环保、节能和地域特色。

④ 综合建筑设计机构：这类机构业务范围较广泛，涵盖民用、工业、农村建设等多种类型的建筑设计。它们可以根据客户需求，提供全方位的设计服务。

⑤ 专项设计机构：还有一些专门从事特定领域设计的机构，如景观设计、室内设计、绿色建筑设计、古建筑设计、钢结构设计、交通设施、电力设施、水利设施等。它们在特定领域具有专业优势，可以为客户提供更为专业的设计服务。

以上分类方式并非相互独立，一个建筑设计机构可以根据其特点和业务范围同时属于多个分类，各类建筑设计机构在经营模式、业务范围、设计理念和专业技术方面都存在一定差异。客户在选择建筑设计机构时，通常会根据自己的项目需求和设计机构的专长来作出决策。

2.3.2.2 国内建筑设计机构的组织结构与管理模式

以中国建筑设计研究院为代表的国内建筑设计机构的组织结构通常是为了有效地实现组织的目标和任务，同时保持高效和灵活的管理体系。在组织结构上，这些机构一般分为几个层级，每个层级有不同的职责和权限。

1. 层级

（1）决策层：通常由院领导、董事会或类似的决策机构构成；负责制定机构战略方向、重大决策和资源配置。

（2）管理层：包括各个部门的负责人，如院长、副院长、所长、副所长等；负责实施决策层制定的策略，管理所属部门的日常运作。

（3）执行层：主要由各专业院、研究所、工作室的工程师、设计师、技术人员组成；负责具体的项目设计、研究和执行任务。

（4）支持层：包括职能部门，如人力资源部、财务部、行政部等，提供人力资源、财务、信息技术、后勤等支持服务。

2. 部门设置

国内建筑设计机构的部门设置有不同的方式，但宗旨都是围绕着不同的管理层次设置的。通常是按照管理模式的不同分为行政管理和生产部门两大部分，行政管理的差别不大，一般包括后勤服务部、财务部（也可以隶属后勤服务部）、技术质量管理部、信息管理部或者信息管理中心、生产管理部、党群工作部、法务部等，有涉外项目的还会有海外事业部。各部门的职能有如下明确分工。

① 技术质量管理部：负责技术标准制定、质量管理、技术更新。

② 科研管理部：负责科研项目申请、管理和科技成果转化。

③ 海外事业部：负责国际业务、国际合作与交流。

④ 信息管理研究中心：负责信息化建设、BIM技术应用、AI设计等。

⑤ 党群工作部：负责党的建设、工会、共青团等工作。

因设计机构的类别和经营管理理念的不同，生产部门的设置方式有多种，常见的方式有以下几种。

(1) 按照建设项目涉及专业领域设置

① 建筑设计院：负责建筑设计、方案创作、初步设计和施工图设计等，人员配置都是建筑专业人员。

② 结构专业设计研究院（分院）：负责结构分析、结构设计和结构优化等。

③ 机电专业设计研究院（分院）：负责电气、暖通、给排水等机电系统的设计。

④ 城镇规划设计研究院（分院）：负责城市规划、城市设计、景观设计等。

⑤ 环境艺术设计研究院（分院）：负责室内设计、环境艺术设计等。

⑥ 专业设计研究所：针对特定领域，如工业项目、绿色建筑、节能减排等开展研究和设计。

这种设置方式，需要采用项目式跨部门管理，基本属于建筑师负责制。对于本专业的管理和人员专项能力培养比较有利，但项目团队人员的沟通协调工作较烦琐，设计质量的控制既需要各项目负责人把控，还需要上层管理机构给予人力和技术的大力支持，对建筑师和项目负责人的综合协调能力是个挑战。

(2) 按照综合设计团队的形式设置

① 第×设计分院：囊括了包括民用和工业建设项目的建筑、结构、机电、设备、暖通、绿色建筑、节能减排等全专业技术人员，可以独立完成一般性的设计项目。

② 方案创作中心：负责全公司的大型项目或者重要项目的方案设计、投标的设计和配合。

③ 规划与景观设计分院：负责城市规划、城市设计、景观设计等，可以自己独立运行，同时负责与其他分院合作大型规划建筑设计项目。

有的设计院还设置了预算中心，结合甲方的需要配合各分院进行预算业务。

随着市场需要，现阶段国内出现大量的小型股份制设计公司或者建筑师事务所。其机构设置非常灵活，方式各异，但最终是围绕业务的开展和经营成本控制管理设置（图2-2、图2-3）。

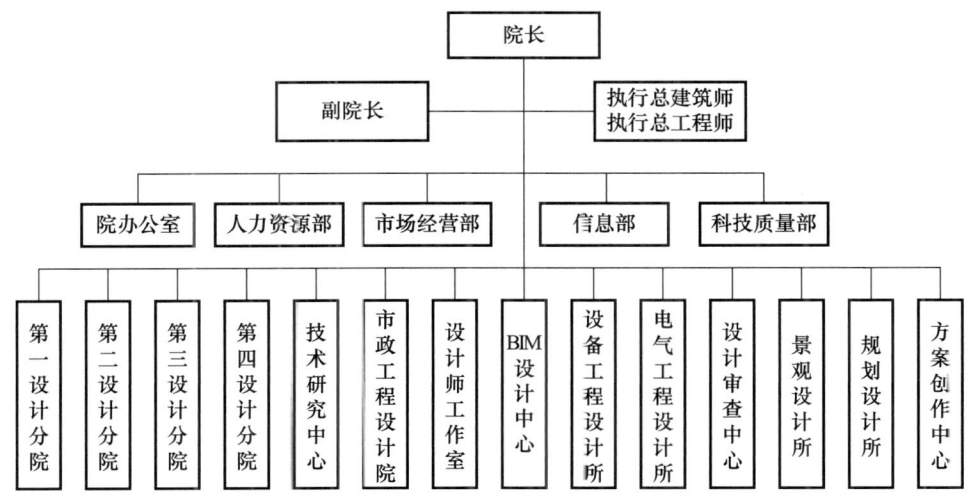

图 2-2　我国常见的大型设计企业组织结构

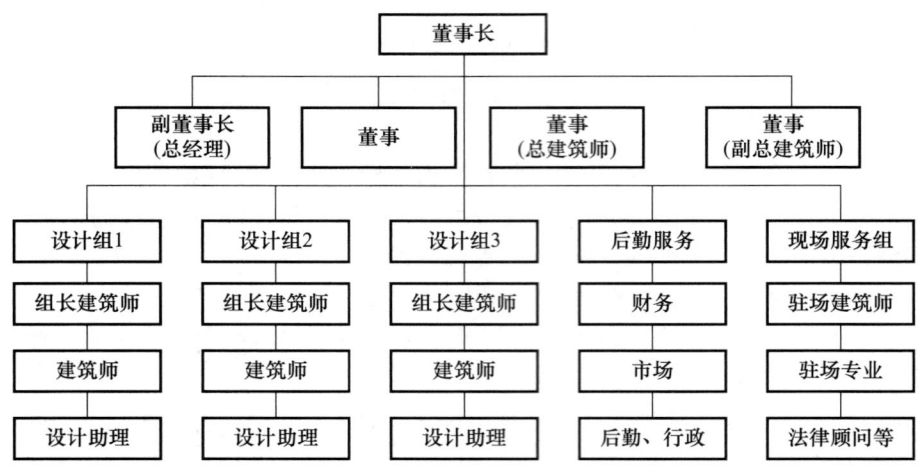

图 2-3 我国常见的设计事务所组织结构

综上所述,目前中国建筑设计研究院和其他设计公司等设计机构的组织结构设计细致且专业,涵盖了从决策层到执行层各个管理层面,以及从建筑设计到科研管理的各个职能部门,旨在打造一个高效、协调、具有创新能力的建筑设计研究机构。

2.3.3 国内建筑对设计机构的管理

中国的建筑设计机构在过去几十年中经历了快速的发展和变革,尤其是企业化转型之后,其经营模式也日益多样化和成熟。每个设计机构都在市场竞争过程中有了自己的经营战略和市场定位,更是培养起核心技术和人才,以保证自身竞争力。当然,在进行经营模式选择时,建筑设计机构往往会综合考虑市场环境和客户需求的变化、行业的发展趋势和技术进步、法律法规和行业标准的要求、风险管理和内部控制能力等多方面因素。无论何种经营模式,设计机构都要接受相关管理部门的监督管理。

在中国,对建筑设计机构的管理涉及多个层面和部门,主要目的是确保建筑设计的安全、合规,同时促进建筑行业的健康发展。行政管理部门包括国家级,省、自治区、直辖市级和市、县级的建设行政主管部门。这些部门的具体职责如下。

① 住房城乡建设部(原建设部):作为国家层面的主要管理部门,住房城乡建设部负责制定全国建筑行业的法规、标准和政策,对建筑设计机构进行资质认证和行业管理。住房城乡建设部管理的内容包括建筑设计标准、建筑市场准入、建筑师资格等。管理方式主要包括制定政策和标准、实施资质审查、进行市场监管等。

② 省(自治区、直辖市)的建设行政主管部门(省住房和城乡建设厅):在省级层面,各省市的建设行政主管部门负责在本行政区域内实施建筑设计相关的国家法律法规和标准,对建筑设计机构进行地方管理。管理内容涉及资质初审、市场监督、质量安全等。管理方式包括现场检查、行政处罚、政策宣传等。

③ 市、县级的建设行政主管部门(市、县住房和城乡建设局):在市、县级层面,建设行政主管部门负责具体执行上级部门制定的建筑设计管理政策,对建筑设计机构进行日常监管。管理内容侧重于具体项目的合规性审查、施工现场管理等。管理方式包括行政许可、监督检查、政策指导等。

除了以上行政主管部门，还有各种与建筑设计相关的协会和组织，如中国建筑学会、中国城市规划学会等，它们在行业内发挥自律作用，提供学术交流平台，推动行业标准的制定和实施。

另外，建筑设计机构需要根据其规模、业务范围等条件，通过资质认证，这包括对企业的人员配置、业绩、技术条件等方面进行综合评估。分管这些工作的部门主要是住房城乡建设部及其授权的地方分支机构，以及中国合格评定国家认可委员会（CNAS）。住房城乡建设部是负责全国建筑设计资质管理的职能部门，制定并颁布了相关的资质标准和管理办法，而地方分支机构则依据上级部门的规定，负责所辖区域内的建筑设计机构资质的初审、监管和部分评审工作。中国合格评定国家认可委员会是一个非营利性的第三方社会组织，负责对包括建筑设计在内的各类合格评定机构进行认可和评审。通过CNAS的认可，意味着建筑设计机构具备了国际公认的水平和能力，能够参与国际业务交流和合作。

此外，建设行政主管部门会通过定期检查、随机抽查等方式，对建筑设计项目的质量安全进行监管，确保建筑设计符合国家标准，防范安全事故；同时，还会组织继续教育和专业培训，要求建筑设计人员定期参加，以提高建筑设计人员的专业素质。

总之，各管理部门和机构通过制定标准、实施资质认证、进行项目审查和监管等方式，共同确保建筑设计活动的合规性和安全性，推动建筑设计行业的发展和创新。

2.4　建筑师的职业素养

从建筑师的设计工作可以看出，建筑师的职业素养涵盖了一系列的技能、知识和品质，不仅体现在个人能力上，更体现在对社会、环境和文化的责任与担当上，这些方面共同构成了建筑师专业行为的准则，主要包括以下几个方面。

（1）扎实的专业知识。建筑师需要具备扎实的建筑学及相关学科的知识，包括但不限于建筑历史、建筑技术、建筑结构、材料学、环境与能源效率等。

建筑历史帮助建筑师理解不同文化、不同时期建筑风格的演变和发展，以及各种建筑流派和技术的出现背景和应用环境，让建筑师从中吸取经验，运用到现代建筑设计中，如结构的优化、材料的运用、环境的适应性等，从而有助于提高建筑师的审美鉴赏能力，通过分析经典建筑作品的美学特征，帮助他们在设计中创造更具美感和文化内涵的建筑。另外，建筑也是文化的载体，通过学习建筑史建筑师可以理解并传承本民族的建筑传统和技艺，更好地传承和弘扬中国文化，并在其基础上学习如何应对现实问题，创造出更具创新性和实用性的现代建筑。

（2）熟练的实践技能。能够将理论知识应用于实践中，包括设计能力、绘图技能、建筑模型制作、施工现场协调等。

建筑技术涉及建筑物的结构设计、材料选择和施工方法，这些都是将建筑师的设计理念转化为现实的基础，更是确保建筑安全性的关键因素。了解和掌握建筑技术可以帮助建筑师更准确地实现他们的设计意图，确保设计在技术上的可行性和实施性。同时，随着可持续发展理念的深入人心和建筑技术的不断进步，新材料、新技术、新施工方法层出不穷，建筑师需要不断学习和掌握先进的建筑技术，如建筑节能、可再生能源利用等，以提高建筑的能源效率，减少环境负担，更好地将艺术与科学相结合，创造出既美观又实用的建筑作品。

（3）熟悉法规与标准。熟悉国家及地方的建筑法规、标准和技术规范，确保设计符合法律要求和行业标准。建筑法规中包含了大量关于结构安全、消防安全、防洪排涝、环境保护等方面的要求，这些是国家为了保证建筑的安全、适用、经济、美观等方面而制定的强制性规定。建筑师学习最新的法规和标准，能够了解行业动态，促进新技术、新材料的应用，更能够提高设计质量和效率，保障建筑项目的安全性和合法性。

（4）良好的沟通协调能力。建筑师需要与客户、施工团队、工程师和其他专业人士进行有效沟通。良好的沟通技巧和团队协作能力对于项目的成功至关重要。

成功完成一个设计项目，首先需要建筑师与客户进行有效的沟通，了解他们的需求、期望和预算，做到有的放矢。每一个建设项目都会涉及多个利益相关者，包括业主、投资者、使用者、施工方等，建筑师需要协调各方的利益和期望，将设计理念和意图清晰地传达给施工团队和供应商，还要能够及时解决建设项目过程中出现的各种问题和冲突，如设计变更、预算超支、施工延误等，更需要与结构工程师、室内设计师、景观设计师等团队成员保持良好的沟通，共同确保项目顺利进行和准确实施。有时还需要与政府监管部门沟通，确保设计方案符合当地的建筑法规和标准，以便获得必要的审批和许可。所以说，沟通协调能力对于建筑师来说是至关重要的，它不仅有助于项目的顺利进行，还能够提升建筑师的专业形象和职业发展。

（5）强烈的创新意识。保持对新技术、新材料和新兴建筑理念的关注，勇于在设计中尝试创新，推动建筑行业的进步。

每个时代、每个地区、每个用户都有其独特的需求和期望，而且随着科技的进步和社会的发展，人们对生活环境的需求也在不断变化。拥有创新意识的建筑师才能打破常规，设计出符合当代社会功能需求、审美需求以及生态需求的个性化、多样化作品，引领行业潮流，推动建筑设计向更加人性化、科学化、艺术化的方向发展。同时，随着资源的紧张和环境问题的凸显，迫切需要建筑师去探索更加节能、环保的建筑设计方案，以实现可持续发展。

（6）良好的伦理道德。遵守职业道德，公正无私，关心社会和环境，尊重他人权益，确保建筑设计的社会责任和伦理。

建筑师的设计直接关系到公共安全、公共利益和人民群众的生活质量，具备良好伦理道德的建筑师会自觉在设计中充分考虑建筑的使用功能、安全性、美观性以及对环境的影响，考虑到建筑对社会责任和文化的承载，并能够充分尊重使用者的权益和需求，确保设计符合使用者的利益和福祉，促进社会和谐。另外，具有良好伦理道德的建筑师能够自觉遵守行业规范和法律法规，确保建筑作品既美观又安全。总之，建筑行业是一个与人们生活密切相关的行业，建筑师具备良好的伦理道德对于提升建筑设计质量、保障公共利益、推动建筑行业的健康发展以及建设和谐社会都具有重要作用。

（7）持久的学习习惯。建筑行业不断进步，建筑师需具备终身学习的意识，不断更新知识和技能，以适应行业的变化。

建筑师通过持续学习可以掌握最新的设计工具、软件和技术，掌握项目管理的基本知识和技能，能够合理组织和有效控制项目进度、成本和质量。还能够了解和遵守行业规范和标准的变化更新,洞察建筑市场的需求和趋势变化,把握前沿技术,从而激发创新思维,提高自己的设计能力,使其设计更具有竞争力,也更能够推进建筑行业的发展。

(8) 开阔的国际视野。了解国际建筑趋势和标准,借鉴国际先进经验,结合本地实际,提升自身设计水平。

在当今全球化的背景下,建筑项目和建筑师不再局限于某个国家或地区,国际视野能够使建筑师了解并吸收世界各地的建筑精华,促进不同文化之间的交流与融合。还能够把握全球建筑行业的最新动态,更好地理解和应对这些复杂性,提供更全面和综合的解决方案,更好地参与到国际项目和竞争中。随着全球气候变化和资源紧张等问题日益严重,建筑师需要了解和掌握全球范围内最佳的可持续发展实践,为构建美好家园与和谐社会贡献力量。所以说,建筑师拥有国际视野不仅对个人发展至关重要,也有助于提升我国建筑行业的整体水平和国际影响力。

[课后思考与练习]

1. 开发公司预投资开发一栋商业建筑,目前项目已经立项,马上进入设计方案的招标工作。请结合设计师的范畴,具体设置在本阶段中的建筑师的工作。

2. 设计小组在此项目中一举中标,并已经与甲方签订设计合同开展下一步的施工图设计工作。请结合此阶段的项目进度,探讨建筑师应履行的义务和享有的权利。

3 建设项目及管理

[纲要]　建设项目的全生命周期，涉及项目策划、审批、设计、施工建造等多个环节，需要有系统的管理来保证项目的顺利推进。建筑师在其中担任着重要的角色，既需要遵循国家的相关法律法规，坚持社会主义核心价值观，确保设计的安全、合理、环保、经济，还需要熟悉项目的管理和组织，并参与其中，保证设计意图的实现和项目的顺利完成。

3.1　建设项目

3.1.1　建设项目概述

3.1.1.1　定义和特点

建设项目是指按照建设单位的总体设计要求，在一个或几个场地进行建设的所有工程项目之和，其建成后具有完整的系统，可以独立形成生产能力或者使用价值。建设项目具备以下特点。

① 它是确定和组建建设单位的依据，通常一个建设项目为一个建设单位。

② 从用途上看，建设项目是社会再生产中必不可少的一种特殊产品。这种产品通常包括楼宇、礼堂、厂房等建筑物，以及道路、围墙、桥梁、隧道、水坝等构筑物和景观、小品、管线等设施。

③ 从项目管理角度看，建设项目是以工程建设为载体的特殊项目，它以建筑物或构筑物为目标产出物，需要支付一定的费用、按照一定的程序、在一定的时间内完成，并符合相关质量要求。

④ 不能把不属于同一总体设计并分别核算的几个建设项目，合并为一个建设项目；也不能把同一总体设计范围内的各个工程，划分为几个建设项目。现有的企业、事业单位，按批准的基本建设计划，用基本建设投资单纯购置一些设备、工具、器具等，一般不作为建设项目。

⑤ 一个建设项目可以包括若干个工程项目（或单项工程），也可只是一个独立的工程项目。建设项目所需投资总额，通过编制总概算确定。

3.1.1.2　建设项目的生命周期

建设项目的生命周期是指一个建设项目从概念到完成所经过的所有阶段。这些阶段包括但不限于：

（1）概念阶段。这个阶段主要涉及对项目的初步构想和可行性研究，包括市场需求分析、技术可行性评估、财务和经济分析等。在这个阶段，关键的目标是确定项目的可行性，并决定是否继续推进该项目。

（2）规划阶段。一旦项目被确定为可行，就会进入规划阶段。在这个阶段，项目的设计和实施方案被详细地制定出来，包括项目目标、范围、进度、成本、质量等方面的规划。

（3）建设阶段。这是项目实施的具体阶段，涉及项目的施工、采购、安装等具体工作。在这个阶段，要确保施工按照设计进行，同时对项目的进度和成本进行监控和管理。

（4）完工和交付阶段。当项目的建设完成后，需要进行验收和交付。这个阶段涉及对项目的最终检查，确保项目的质量和各项指标都满足要求，然后将项目交付给客户或最终用户。

（5）运营和维护阶段。项目交付后进入运营和维护阶段。这个阶段涉及项目的日常运营、维护和管理，以确保项目的正常运行和使用。

以上是建设项目生命周期中的一些主要阶段，但具体的阶段可能会因为项目的类型、规模和复杂程度而有所不同。了解并合理管理项目的生命周期，对于确保项目的成功实施和实现预期的效益至关重要。

项目的每个阶段都有四个角色参与其中，包括业主投资方、设计方、施工方和监理方。四者在项目周期的各个阶段担负着不同的角色和工作职责（表 3-1）。

表 3-1　项目各参与方的工作职责

项目周期阶段	业主（投资方）	设计机构	监理机构
企划	项目开发的构想和目标； 开发全过程的计划确定； 可行性研究及投资计划； 项目组织及资金的筹措； 设计机构的筛选	—	
设计： 方案设计； 扩初设计； 施工图 （生产） 设计	设计委托书的拟定（设计任务书）； 设计内容及图纸的确认； 设计费用支出及设计资料的验收	设计条件的确认； 设计计划（组织、时间、成本）； 方案、扩初、施工图设计的完成； 各阶段建筑设计报审及修改； 材料及厂商的建议； 优化设计的研讨； 工程概预算的拟定； 与行政部门及居民沟通的协助	—

续表

项目周期阶段	业主（投资方）	设计机构	监理机构
工程招投标	施工者的选定； 监理者的选定； 施工及监理计划的接收； 工程造价预算及标书的接收； 总造价及施工者的确定； 施工合同的签订	此六项工作对于设计机构而言，属于需要配合的工作，而不是设计机构的必做工作职责： 招投标图纸资料的完成； 图纸资料的解释与答疑； 工程造价预算的审定； 施工计划的审定； 施工技术及优化工艺的技术核定； 施工合同签订的技术咨询	监理技术和预算的制定； 技术优化建议及提案的提出； 监理合同的签订
施工	材料和专业厂商的认定； 设计变更，洽商的确认和同意； 竣工建筑的接收和检验； 工程费用的支付	设计说明及技术交底以下六项工作对于设计机构而言，属于需要配合的工作，而不是设计机构的必做工作职责： 设计及施工监理； 施工图纸及施工计划的确认； 工艺技术的质量管理； 设计变更及现场洽商的制成； 竣工检查的实施； 参与竣工交接	施工监理； 施工图纸、施工计划、施工内容的确认； 施工质量管理； 设计变更及洽商的承认； 竣工检查和交接
运营及维护	使用初期问题的检查； 运营维护管理； 维护改修计划的制定及委托	维修改造设计	—

3.1.2 建设项目的策划与决策

每一个建设项目在确定立项之前，要对项目的目标、范围、可行性、需要的资源资金、规避的风险和运营及盈利模式等多个方面进行深入研究和分析，这个过程和研究分析就是项目策划的主要工作内容，也是对项目进行决策的基础。

3.1.2.1 项目策划的内容和步骤

项目策划的内容和步骤主要包括以下部分。

（1）确定项目目标和范围：明确项目的目的、预期结果和主要工作内容，为项目策划提供方向。

（2）市场调研和分析：了解市场需求、竞争态势、行业趋势等因素，为项目策划提供依据。

（3）项目策略制定：根据项目目标和范围，制定具体的项目策略，包括产品定位、目标客户、营销策略等。

(4) 项目计划制订：根据项目策略，制定详细的项目计划，包括时间安排、资源分配、人员分工等。

(5) 风险管理：识别和分析项目中可能出现的风险，制定相应的应对措施，降低风险对项目的影响。

(6) 预算和资源管理：估算项目的成本和资源需求，制定相应的预算并制订资源管理计划，确保项目的顺利进行。

(7) 沟通和协调：建立有效的沟通机制，协调各方资源和工作，确保项目的顺利进行。

(8) 监控和评估：对项目的进展进行监控和评估，及时发现问题并采取相应措施进行调整。

(9) 项目收尾：完成项目交付，进行项目总结和经验教训总结，为后续项目提供参考。

值得注意的是，项目策划的每个步骤都有具体的要求和标准，需要按照流程认真执行。同时，在项目策划过程中，还须根据项目情况和进展不断反馈和调整，确保项目的顺利实施。

3.1.2.2 决策理论和方法

建设项目的决策理论和方法主要包括以下几种。

(1) SWOT 分析法：这是一种常用的决策分析方法，将项目规划中的内部优势（Strength）、内部劣势（Weakness）、外部机会（Opportunity）和外部威胁（Threat）进行系统的分析和评估。通过这种方法，可以帮助项目规划者科学地了解项目的优、劣势，抓住机遇、应对挑战、规避风险，从而制定出更具竞争力和想象力的规划设计方案。

(2) 成本效益分析法：这是一种常用的决策分析方法，通过比较项目的成本与效益，评估项目的经济效益。在建设项目规划中，成本效益分析可以帮助项目规划者确定投资回报率最高的方案或者规避财务风险。通过对不同方案的成本与效益进行量化分析，选择出综合经济效益最佳的规划设计方案。

(3) 投资回报率（ROI）分析：这是另一种重要的决策工具，通过计算投资回报率来评估项目的经济效益。投资回报率是投资总额与回报总额之间的比例（投资回报率＝年利润或年平均利润/投资总额×100%），用于衡量投资的盈利能力和风险水平。

(4) 风险评估：建设项目通常面临各种风险，如市场风险、技术风险、财务风险等。通过风险评估，可以对这些风险进行识别、分析和控制，从而制定出更加稳健的决策方案。

(5) 多目标决策分析：在许多情况下，建设项目需要同时考虑多个目标，如经济效益、社会效益、环境效益等。多目标决策分析可以帮助决策者权衡这些目标之间的矛盾和冲突，制定出更加全面和可持续的决策方案。

(6) 价值工程分析：这是一种以功能为核心的分析方法，通过比较不同方案的功能和成本，选择出性价比最优的方案。价值工程分析广泛应用于建设项目的各个阶段，包括设计、施工和运营维护。

能够在以上建设项目中常用的决策理论和方法中，选择合适项目的方法对于制定成功的项目决策至关重要。

3.2　建设项目的管理和组织

建设项目的管理和组织是实现项目目标过程中两个不可分割的部分。项目管理涉及规划、执行、监控和收尾等一系列活动，旨在实现项目范围、时间、成本、质量、风险和利益相关者满意度等目标。而项目组织则是指为了完成项目而建立的结构化的、临时的任务共同体，它包括项目团队和项目外的支持机构。

3.2.1　项目管理概述

3.2.1.1　项目管理的发展演变

1. 项目管理的诞生和发展里程碑

20世纪50年代，项目管理的原型：项目管理最初在建筑和工程领域得到应用。例如，美国曼哈顿计划就是项目管理的一个早期例子，它需要协调大量科学家和工程师来开发第一颗原子弹。

20世纪60年代，系统工程的发展：系统工程的出现促使项目管理开始应用于更复杂的领域，如航天项目。美国宇航局的阿波罗计划就是项目管理的一个重要里程碑，它需要精确的计划和执行来确保宇航员成功登陆月球。

20世纪70年代，项目管理的理论和实践融合：项目管理协会（PMI）成立于1969年，后来在1975年发布了第一版的项目管理知识体系指南（PMBOK），这标志着项目管理作为一个专业领域的确立。

20世纪80年代，质量运动的兴起：在这个时期，六西格玛等质量管理方法被引入项目管理中，强调过程改进和减少缺陷。

20世纪90年代，敏捷和迭代方法的引入：随着软件开发行业的发展，敏捷方法论应运而生，强调快速迭代和客户合作。这种方法与传统的瀑布模型形成对比，提供了更加灵活的项目管理方式。

进入21世纪，全球化和信息技术的影响：全球化推动了跨文化项目的管理，信息技术如项目管理软件则帮助项目经理更好地监控和控制项目。

2. 建筑师参与项目管理的进程

建设项目管理科学的发展是一个不断进化的过程，涉及多个学科，包括工程学、管理学、经济学和信息技术等。

（1）古代的项目管理

在古代，建筑师通常也是项目管理者，建设项目管理主要依靠经验丰富的建筑师和工匠的技艺来完成，比如古埃及和古希腊的工程项目由建筑师和工匠领导，项目管理主要依靠他们的专业知识和经验，他们负责规划、组织并监督项目的施工。但这个管理方式与现代项目管理相比，缺乏系统化和科学化。特别是在历代帝国或王国中，建设项目通常由皇室或政府中央控制，有专门的官员负责监督工程进度和质量。在许多古代文明中，宗教和文化信仰对建设项目有着重要的影响，项目的管理者主要是利用历法和天文观测来规划建设活动，较多地使用日历、时钟、测量工具等相对简单的工具和技术监督进度与质量。由于古代技术和资源的限制，古代的建设项目通常涉及大量的劳动力（工匠、奴隶、工人），建设项目管理者必须具备高度的适应性和灵活性，能够对劳动力进行组织和分工，能够应对不可预见的问题和挑战，以确保工作效率和项目的顺利进行。

尽管古代的建设项目管理方式没有现代这样先进，但为后来的项目管理实践奠定了基础，许多基本的组织和管理原则在古代就已经得到应用。

（2）工业革命时期

随着工业革命的到来，建设项目规模增大，复杂性提高。建设项目管理开始采用一些组织和技术手段，如分工、预算、时间线和甘特图，这些工具帮助项目经理更好地规划项目进度。这一时期，项目管理并没有像今天这样成为一个独立的学科或专业，但一些基本的项目管理原则和实践已经开始形成。建筑师开始更多地关注设计方面，而项目管理的职责逐渐转向专门的承包商和施工管理者。

19世纪末，弗雷德里克·温斯洛·泰勒（Frederick Winslow Taylor）提出了科学管理理论，强调通过科学方法确定最佳的工作方法，以提高生产效率。这可以看作最早的项目管理实践之一，它涉及工作流程的优化、工作时间的控制以及工人效率的提升。这个时期，亚当·斯密（Adam Smith）和李嘉图（David Ricardo）的分工理论被广泛应用于生产过程中。分工的细化使得项目可以分解为若干个简单的任务，工人只需负责其中的某一部分，这样可以提高生产效率。同时，流水线生产方式的出现，使得各道工序可以紧密衔接，进一步提高了生产速度和质量。

（3）20世纪初期至中期

20世纪初，建设项目管理开始引入系统化的方法，如泰勒的科学管理理论，它强调通过科学的方法来提高工作效率。亨利·福特（Henry Ford）引入了流水线生产模式，这一模式也被应用于建设项目中，提高了施工效率。

20世纪中期，项目管理的系统理论开始发展，包括项目生命周期、项目阶段划分等概念。项目管理开始采用数学和统计方法来进行成本和时间的控制。

这一时期出现了更大规模和更复杂的建设项目，如大型公共建筑和基础设施项目。建筑师开始意识到，为了确保项目按时按预算完成，他们需要更深入地参与到项目的管理中。

（4）20世纪末至21世纪初

20世纪末，项目管理学科成为一个独立学科开始形成，建筑师开始学习项目管理的方法和工具，以便更好地控制项目的进度、成本和质量。美国建筑师协会开始制定一系列的标准合同格式，这些合同格式明确了建筑师在项目中的角色和责任，包括项目管理方面的事务。

随着信息技术的快速发展，建设项目管理开始采用计算机软件来辅助项目规划、执行和控制。项目管理的专业组织如国际项目管理协会（IPMA）和世界项目管理协会（PMI）制定了项目管理标准和实践指南，推动了项目管理的专业化发展。

（5）进入21世纪

建设项目管理进入了集成管理和知识管理的时代，强调跨学科合作和知识共享。出现了集成项目管理工具,如项目管理信息系统(PMIS)和项目协作工具,这些工具能够帮助项目团队更好地协作和沟通。建筑师开始更多地参与到项目的早期阶段,包括项目策划和施工管理。这种整合了设计和施工的方法有助于提高项目的整体效率和协同性。可持续发展和环境保护成为建设项目管理的重要内容,项目管理开始考虑项目的社会、经济和环境影响。

在当代,建筑师通常需要具备项目管理的能力,他们不仅要负责设计,还要确保设计能够顺利实施。建筑师可能需要与项目管理专家、建造师、工程师和其他专业人士合作,以确保项目的成功完成,建筑师的角色也随之不断演变,越来越多地参与到项目管理的各个方面。

3.2.1.2 项目管理的基本概念和要素

1. 基本概念

项目管理是管理学的一个分支学科,指在项目活动中运用专门的知识、技能、工具和方法,使项目能够在有限资源、限定条件下,实现或超过设定的需求和期望的过程。项目管理是对能够成功达成一系列目标相关的活动(譬如任务)进行的整体监测和管控,是确保建设项目从规划、设计、施工到运营的各个阶段都能够高效、有序进行的重要环节,其目的在于通过科学地组织、计划、协调、控制和监督,实现项目目标的顺利实现,包括成本控制、质量保证、进度管理以及安全文明施工。简单讲,项目管理是一种工作和记事事件的组织方式,它能够给任何存在目标的任务带来条理与协调性,一个项目是一个任务或者一系列任务,它们需要在特定的时间段内完成,而且有一定的成本制约,项目管理的目标就是为了取得一定的成果。

2. 基本要素

任何一个项目的管理均可分为以下三个部分。

第一,项目需要有一个明确的目标;

第二,为了达成目标,项目需要用到多少人力、财力资源;

第三,将资源充分合理地用于原来设想的结果并按期完成直至成功。

由此可见,所有的项目管理有三个必须考虑的要素:时间、成本和质量。三个要素密不可分也相互制约。一般来讲,业主总是期望在最短的时间内以尽可能低的成本获得最好的结果。但是,这三个要素中的任何一个都可能成为重中之重,一旦确定其中的一个,另外两个就需要进行相应的调整。也就是说,大部分项目都要被迫服从至少一个要素。

3. 项目管理的作用

科学的项目管理,可以对建设项目产生以下六点主要作用。

(1) 确保项目目标的实现。通过明确项目目标,制订合理的项目计划,确保项目在规定的时间、质量和成本范围内完成。

(2) 风险控制。识别潜在的风险因素,评估风险影响,制定预防措施和应对策略,减少不确定性对项目的影响。

(3) 资源优化配置。合理分配人力、物力、财力等资源,提高资源使用效率,降低资源浪费。

(4) 提升项目效率。通过有效的项目管理和协调,提高项目执行的效率,缩短项目周期。

（5）质量保证。按照预定的质量标准和规范进行项目实施，确保项目交付的质量符合要求。

（6）合规性。确保项目实施符合相关的法律法规和政策要求，保障项目的合法性。

可见，建设项目管理对于保障项目顺利进行、实现投资效益最大化具有至关重要的作用。但同时，为确保项目管理的专业性和有效性，还需要关注和处理以下多个方面的细节问题。

（1）合规性。确保项目管理符合国家相关法律法规和政策要求，维护社会公共利益和健康发展。

（2）目标明确。项目目标应当明确、具体，且可行，以便于计划的制订和执行。

（3）计划合理。项目计划应科学合理，充分考虑项目的复杂性、不确定性等因素，保持一定的灵活性以适应变化。

（4）风险管理。通过风险评估、风险识别、风险应对等措施，控制项目风险在可接受范围内。

（5）监督与改进。对项目实施持续的监督和检查，及时发现并纠正问题，不断优化项目管理过程。

总之，项目管理在企业运营和项目的推进过程中占据着很重要的位置，经过近20年的发展，大多数投资方和管理者认识到其重要性，却很少有企业的项目管理者真正掌握这门技能，并熟练灵活地运用，更不明白怎样做才能让项目管理发挥应有的作用。这也间接地给建筑师的工作带来一定的挑战和机遇，一批有工程经验的建筑师慢慢转型，从"乙方"身份转变为"甲方"身份，从设计师角色转为项目管理师角色，很多大型设计公司也相继开展了项目管理的业务。

3.2.2 项目组织形式和设计

建设项目的组织形式是指为了完成特定的建设项目任务，而在项目参与者之间形成的权责结构、协作方式和指挥控制体系。项目组织形式通常根据项目的类型、规模、复杂性以及项目管理模式来确定。

建设项目的组织形式可以从多个角度进行分类，常见的分类方式包括以下几种。

1. 按照项目管理模式分类

（1）总分包模式。整个项目由一个主承包商承担，然后主承包商再将项目的一部分或全部分包给其他承包商。

（2）平行承发包模式。项目的不同部分由不同的承包商平行承建，各自完成任务。

（3）施工联合体/合作施工体。由两个或多个承包商组成联合体或合作体，共同完成项目。

（4）项目管理服务模式。业主聘请专业的项目管理公司来管理和协调项目的实施。

2. 按照项目组织结构分类

（1）职能式组织结构。项目活动按照职能进行组织，例如，工程、采购、财务等职能部门负责相应的工作。

（2）项目式组织结构。专门成立项目团队，团队成员全职参与项目，项目团队对项目结果负责。

（3）矩阵式组织结构。结合了职能式和项目式的特点，项目团队成员来自不同的职能部门，同时向职能经理和项目经理报告。

3. 按照项目参与主体分类

（1）公共项目和非公共项目。根据项目服务的对象和资金来源进行分类，公共项目通常使用国有资金或国家融资，非公共项目则可能由私人投资。

（2）政府投资项目和企业投资项目。根据投资主体不同进行分类。

4. 按照项目实施方式分类

（1）设计—施工一体化：设计和施工由同一个承包商承担。

（2）设计—采购—施工（EPC）模式：设计、采购和施工由一个承包商负责。

（3）施工 only 模式：仅负责施工，不包括设计和采购。

5. 按照项目管理和控制方式分类

（1）集中管理模式：项目管理集中在一个人或团队手中，决策和沟通路径较短。

（2）分散管理模式：项目管理分散在多个部门或个人中，需要更复杂的协调和沟通机制。

6. 按照信息技术应用程度分类

（1）传统项目管理：依赖人工和纸质文档进行项目管理。

（2）电子项目管理：利用信息技术工具进行项目计划、执行和监控。

这些分类方式并不是相互独立的，一个建设项目可以同时属于多个不同的分类。项目组织形式的选取和设计需要根据项目的具体情况、业主的要求和偏好、市场环境等多种因素综合考虑。每种组织形式都有其优势和局限性，因此，选择相对适合的组织形式对于保障项目的顺利进行和完成至关重要。

3.2.3　项目管理内容

3.2.3.1　项目进度管理

项目进度管理是项目管理的一个关键组成部分，其核心目的是确保项目能够按时、保质完成，同时有效地利用资源并控制成本。项目进度管理粗略地分为制订工作计划和进度控制与调整两方面内容，具体包括规划进度的管理、工作定义、排列工作顺序、估算工作资源、估算工作持续时间。

1. 项目进度计划的制订

在项目进行的前期阶段，项目管理团队需要制订一个合理的进度计划，用来指导项目如何开始、执行和结束。进度管理计划包括政策的制定、过程的定义，以及文档的准备，它提供了项目管理进度的方向和指南。这既是项目管理的工作内容也是很关键的一个阶段，这个阶段需要分析活动的顺序、持续时间、资源需求等因素，创建项目进度模型，也就是一个正式的、可监控的执行计划，来指导项目的实际执行。

2. 项目进度的控制和调整

项目的推进和管理是个动态的过程，在此执行过程中，往往会有原计划外的情况发生，比如环境的变化、风险的产生甚至投资方的意愿等，这时就需要调整和更新项目的进展，甚至对进度计划进行必要的调整和优化，以确保项目能够按计划进行。

具体来说，导致发生项目进度控制和调整的主要原因有以下几点。

(1) 环境变化。在项目执行过程中，内外部环境常常发生变化，如市场条件、资源分配、技术进步、政策调整等，这些变化可能会影响项目的进展。通过进度控制和调整，项目团队能够适应这些变化，确保项目继续朝着既定目标前进。

(2) 风险应对。项目在实施过程中难免会遇到预期之外的风险和问题，如不可预见的困难、意外事故、合作伙伴的延误等。进度控制允许项目团队及时识别这些风险，并采取措施以减轻风险带来的影响。

(3) 资源优化。项目资源包括人力、物资、财力和时间等，这些资源往往是有限的。进度控制帮助项目团队更有效地利用这些资源，避免浪费，并确保关键资源在关键时刻得到合理分配。

(4) 质量保证。通过控制项目进度，项目团队可以确保有足够的时间来完成各个阶段的工作，并保证工作的质量。过度的工期压缩可能导致质量问题，而合理的进度调整可以避免这一情况。

(5) 利益相关者的期望。项目的利益相关者，如客户、投资者、管理层等，对项目进度有期望。通过进度控制，项目团队可以保持利益相关者的沟通和满意度。

除了对项目进度进行控制和调整之外，在一些特殊情况下，还需要对进度计划进行必要的调整和优化。

(1) 实际进度与计划进度有偏差。当项目的实际进度与计划进度不一致时，无论偏快或偏慢，都需要进行调整，以确保项目按时完成。

(2) 项目目标变更。项目的目标、范围或交付物发生变更时，原有的进度计划可能不再适用，需要进行相应的调整和优化。

(3) 资源变更。如资源供应出现问题，如人员、物资或资金的短缺或延迟，可能导致原有进度计划无法执行，需要及时调整和优化计划以适应新的资源情况。

(4) 风险和问题出现。遇到风险或问题时，需要根据情况对进度计划进行调整优化，以降低风险并解决问题。

(5) 合同要求。根据合同条款，项目可能需要满足特定的进度要求。如有违反，可能面临违约风险，需要通过调整进度计划来满足合同要求。

综上所述，项目进度的控制和调整是确保项目成功的关键环节，它帮助项目团队适应变化，管理风险，并确保项目资源得到充分利用。

3.2.3.2 项目质量管理

建设项目的质量管理是指在建设项目的整个生命周期中，通过规划、组织、指挥、协调和控制等一系列活动，确保项目质量满足规定的要求。其内容主要包括建立质量管理体系、制定项目质量计划和实施办法、质量管理的法规和标准收集整理等方面。

1. 质量标准和要求

建设项目管理的质量标准和要求是确保工程项目满足设计要求、规范标准及客户期望的一系列规定，主要依据是国家及地方的相关法律法规、行业标准、工程项目的特定需求以及企业内部的标准规范。

具体来说,做好质量管理首先应明确工程项目的质量目标,并制定可衡量的质量指标,同时这些方针和目标应得到项目管理团队和利益相关者的认同和承诺。其次在项目启动阶段制订质量计划,描述如何实现质量目标,包括质量管理流程、责任分配、需要的资源以及质量控制和保证活动。再次是做好设计控制,确保工程项目的设计满足既定的质量标准,包括对设计文件的审核、批准和变更控制。以上三个环节的工作做好之后,要进行科学的采购管理,确保材料、设备和服务符合规定的质量要求,这涉及供应商的选择、评价和控制。最后做好施工过程控制和质量检查及验收,包括对施工过程中的每一个环节进行质量控制,包括对施工方法、工艺流程、施工环境以及操作人员的控制,通过各种检查和试验,如分项工程验收、分部工程验收和整体项目验收,确保工程质量符合标准和要求。对于大型的或者重要的建设项目,建议在项目完成之后,及时收集质量数据和反馈,参与项目的各方(利益相关方、设计方、施工方、项目管理方,有必要的还需要具体使用方的参与)进行质量改进的分析和措施制定,以不断提高质量管理水平和工程质量。

2. 质量管理的方法措施和技术

保证上述质量标准和要求得到实施和遵循的措施有以下四项。

① 高效的组织措施:建立明确的项目管理组织结构,确定各级人员的职责和权限,确保质量管理的有效性。

② 适宜的技术措施:应用适宜的技术和方法,如标准化设计、施工技术和质量控制技术。

③ 完善的经济措施:确保项目有足够的经济资源支持质量管理的各项活动。

④ 合理的合同措施:通过合同明确各方的质量责任和义务,以及违约责任。

为了确保工程质量,管理的过程还需要采用一些必要的手段,包括人员培训、质量保证体系和信息化管理等。

① 培训和教育:对项目管理团队和施工人员进行质量意识和技能的培训。

② 质量保证体系:建立和完善质量保证体系,包括内部审核和管理评审。

③ 质量监督和检查:政府质量监督机构的监督和检查,以及企业内部的质量监控。

④ 信息化管理:利用信息技术,如项目管理系统、质量信息系统等,提高质量管理效率。

另外,在项目管理过程中,还需要必要的技术支撑,包括项目管理软件、质量成本分析、潜在失效模式与效应分析(FMEA)以及基准测试等。这些方法和技术在它们共同支持建设项目质量管理的各个阶段相互关联,从规划到执行再到监控和收尾。例如规划质量管理,确定质量目标和计划,为质量保证提供了执行的框架,而质量控制则基于这些目标和框架来监控和调整项目。同时,质量管理工具和技术被广泛应用于各个阶段,以确保质量目标的一致实现。

此外,这些方法和技术也与项目管理的其他领域紧密相关,比如项目风险管理、进度管理和成本管理。质量管理过程中识别的质量问题可能会影响项目的成本和进度,因此,项目管理者需要综合考虑这些因素,以实现项目的高质量完成。总的来说,建设项目质量管理的方法和技术是相互关联、相互支持的,共同确保了建设项目的高质量成果。

总之，建设项目管理的质量标准和要求是为了保证工程质量安全、满足客户需求和法律规定，通过一系列的规划、控制、保证和改进活动来实现的，这需要项目管理团队的共同努力，以及遵循相关法律法规和企业标准。

3.2.3.3 项目成本管理

建设项目的成本管理是指在建设项目的过程中，对项目的成本进行全面的计划、控制、核算和分析，以确保项目在预算范围内顺利完成。建设项目成本管理的主要目标是控制成本、提高效益和降低风险，主要内容包括成本预测、成本计划、成本控制、成本核算、成本分析和成本考核。

1. 成本估算和预算

（1）相关概念和相互关系

建设项目的成本估算和预算是项目管理中的两个核心概念，它们在项目的不同阶段发挥作用，共同确保项目在财务上的可控性。科学的成本估算和预算还有助于协调利益相关者的需求关系，确保项目在财务上可行，并符合相关法规和政策要求。

① 成本估算：成本估算是在项目开始之前，对完成项目所需资源的成本进行预测和计算的过程。它涉及对项目的工作量、资源消耗、材料成本、人工费用、设备信用、管理开销等方面进行量化分析，以确定项目的总成本和各项分成本。成本估算是基于项目范围、假设条件和所需资源的信息进行的，通常会有所波动，因为它涉及不确定性。

② 预算：预算则是根据成本估算的结果，在项目的各个活动、阶段或组件上分配成本估算的过程。预算是将成本估算的数值具体化，为项目的每个部分制定成本定额，并确定用于测量项目实际绩效的标准和基准。预算通常包括预留资金，用于应对风险和不确定因素，以及可能的额外支出。

成本估算和预算是相互关联的，成本估算是预算的基础。在进行成本估算时，项目团队会考虑不同的方案和资源配置，以预测成本。而预算则是根据最终的成本估算来制定，它为项目成本提供了详细的分配和控制计划。成本估算提供了成本预算的参考依据，而预算则为成本控制提供了具体的目标和限制。

成本估算和预算都是项目融资和资金筹措的重要依据，两者都在项目建设中有着重要的作用，成本估算帮助项目团队理解项目的总成本，并作出是否继续项目或调整项目范围的决策；预算为项目提供了财务计划，确保项目的资金得到合理分配和使用。它们为项目成本控制提供了基准，使项目团队能够监控成本绩效，并适时采取必要的调整措施。

（2）数据计算方法和依据

建设项目的成本估算和预算的计算是一个复杂的过程，涉及多个步骤和考虑因素。成本估算主要是依据项目的范围，参考同类别项目的历史数据，依据行业标准和指标，多方听取专家意见，经过广泛且有针对性的市场调研，结合合理的风险评估得来的。由此可见，成本估算会存在一定的误差，误差允许的范围取决于项目的性质、规模、复杂程度以及项目的风险水平。在建设项目管理中，通常会为成本估算设定一个误差范围（管理学上称为成本容忍度或成本偏差容忍度），误差容忍度的具体数值需要根据项目的具体情况和相关方的要求来确定。当然，在实际操作中，项目团队应努力使成本估算的误差控制在容忍度范围内,并通过有效的成本控制措施来管理项目的实际成本。

建筑师在此项工作中,因其工作经历和专业能力以及在本项目中担任的工作任务不同,或者担任本领域专家,或者跟随市场调研,或者提供行业标准和指标,总之,在项目的成本估算阶段,建筑师发挥着重要的作用。

成本预算的目的是确保项目在批准的预算范围内完成,同时实现项目的质量和进度目标。建筑师和预算人员主要依据项目的可行性研究报告、设计文件、工程规范和标准、历史数据和信息、市场条件和合同条款,进行成本测算。其中,设计文件是建设项目的完整版施工图,预算人员根据施工图和工程量进行预算编制。由此,建筑师的图纸质量和成本控制能力,对项目成本预算的结果影响很大。

建设项目的成本预算同样存在误差问题。理论上,预算误差应当尽可能小,以避免资源浪费和项目风险。在实际操作中,预算误差的标准并没有一个固定的量化范围,它受到多种因素的影响,包括项目的规模、复杂度、类型以及行业标准等。对于小型项目和简单工程,预算误差可能会要求控制在较小的范围内,例如5%以内,这是因为这些项目的成本较低,且变量较少,更容易进行精确控制。而对于大型、复杂工程项目,由于涉及的环节和成本因素极为繁杂,预算误差可能会允许在一定范围内,例如10%或更高,但这也需要结合项目的具体情况来确定。总之,建设项目的误差控制是一个重要的管理问题,因为它直接关系到项目的资金使用效率和风险控制,需要结合项目的具体情况和行业最佳实践来确定合理的范围,并采取相应的管理措施使得误差最小化。

2. 成本控制和分析

成本控制和分析是项目管理中的关键组成部分,特别是在建筑项目中。它们涉及的内容广泛,建筑师在这个过程中扮演着重要角色。

如前所述,在项目开始之前,需要根据设计方案和工程量清单来制定成本预算。建筑师需要提供详细的设计图纸和规格说明,以便准确估算材料、劳动力和其他建造成本。

设计过程中,建筑师需要与成本顾问或估算师合作,对项目的成本进行详细估算,包括直接成本(如材料和劳动力)和间接成本(如管理费用和利润)。

在项目执行过程中,需要对实际支出进行监控,以确保它们不超过预算。建筑师需要参与决策,比如选择合适的材料和构造方法,以控制成本并避免浪费。项目在执行过程中可能会出现设计变更,这些变更可能会影响成本。建筑师需要评估变更对成本的影响,并与项目团队一起决定是否实施变更,并将优化意见和变更产生的影响告知项目的利益相关方。

在项目完成后,投资方需要对成本进行分析,以了解项目成本的实际表现。建筑师提供有关设计决策对成本影响的见解,并从成本角度评估设计的优劣。

建筑师与成本控制和分析的关联在于,他们的设计决策直接影响项目的成本。因此,建筑师需要具备成本意识和项目管理能力,以确保设计既满足功能和美学要求,又能在预算范围内完成。建筑师的合作和沟通技能在这个过程中也至关重要,因为他们需要与项目管理团队、承包商和供应商紧密合作,以确保成本控制目标的实现。

3. 建设项目成本管理的方法

为有效控制项目的成本在合理范围之内，需要有科学的建设项目成本管理方法，主要包括以下几种。

（1）目标成本法：设定项目成本目标，通过成本分解、成本控制和成本核算等手段，实现成本目标。

（2）挣值管理法（EVM）：通过比较计划价值（PV）、实际成本（AC）和挣值（EV）三者之间的关系，评估项目成本控制效果。

（3）成本预算法：根据项目特点和资源状况，制定项目成本预算，并对成本支出进行控制。

（4）成本控制矩阵法：将项目成本控制与项目进度相结合，实现成本控制的动态管理。

（5）成本分析与考核法：定期对项目成本进行分析，评估成本控制的成效，为后续项目提供借鉴。

（6）信息技术辅助成本管理：利用项目管理信息系统等工具，提高项目成本管理的效率。

4. 建筑设计与项目成本控制之间的关系

建筑设计与项目成本控制存在着紧密的联系，这种关系在建设项目中至关重要。设计阶段是成本控制的起点，设计的决策和质量直接影响项目的成本和效益。以下是建筑设计与项目成本控制的关系。

（1）设计影响成本基准。建筑设计确定了项目的规模、形式、材料和系统，这些都直接关联到成本。设计选择会影响到建筑材料的采购成本、施工成本、运营和维护成本等。因此，设计阶段形成的成本基准会在整个项目生命周期中起到基础性作用。

（2）成本控制促进设计优化。在设计过程中，成本控制可以通过预算分析和价值工程等方法，帮助设计师识别和消除成本浪费，促进设计优化。这有助于在不牺牲项目质量和功能性的前提下，降低总体成本。

（3）设计与成本的动态调整。项目在实施过程中可能会遇到设计变更或市场条件变化，这些都需要成本控制策略能够灵活调整以适应变化。设计师需要同成本控制人员紧密合作，科学评估设计变更，并且保证成本控制措施能够及时更新。

（4）成本控制支持决策。成本信息为项目决策提供了关键数据。设计师在制定设计方案时，需要了解项目的成本限制，而成本控制提供了这些信息。此外，成本控制还可以帮助项目团队评估不同的设计选项，选择成本效益最高的方案。

（5）设计与成本的平衡。建筑设计需要在创新性、功能性和成本之间找到平衡点。成本控制不仅关注成本的降低，还关注成本与项目目标的一致性。设计师需要在满足项目需求的同时，考虑到成本因素，作出更加经济的设计决策。

（6）合规性和标准。成本控制还需要考虑项目必须遵守的法规、标准和规范，这些因素都可能对设计选择和成本产生影响。设计师需要了解这些要求，并在设计中加以考虑，以确保项目能符合各项标准和要求。

综上所述，建筑设计与项目成本控制是相辅相成的。良好的设计可以显著降低整个项目的成本，而有效的成本控制则确保设计方案在预算范围内实现。在建设项目中，设计师和成本控制人员需要紧密合作，共同实现项目目标。

3.2.3.4 项目风险管理

建设项目的项目风险管理是一个复杂的过程，总的来说是为了识别、评估、控制和监控项目实施过程中可能遇到的风险，以确保项目能够按时、按预算完成和达到预期的质量。

1. 风险管理的目的

（1）降低成本和时间延误。通过识别和应对风险，可以减少项目成本的增加和工期的延误。

（2）提高项目成功率。有效的风险管理可以提高项目成功的可能性，确保项目能够达到既定的目标和标准。

（3）保护利益相关者。通过项目风险管理有力地保护项目利益相关者的利益，包括投资者、客户和员工。

（4）提高决策质量。通过风险管理过程，帮助项目团队更好地了解项目的潜在风险，从而作出更明智的决策。

（5）增强项目可持续性。通过有效的风险管理确保项目的可持续性，减少因风险事件而导致的项目中断或失败的可能性。

2. 风险识别和评估

风险识别是风险管理的第一步，涉及识别可能导致项目目标偏离的各种内部和外部风险因素。这包括对项目范围、进度、成本、质量、人力资源、供应链、法规遵从性等方面潜在风险的识别。

在风险识别之后，需要对识别的风险进行评估，以确定它们对项目的潜在影响和产生的可能性。风险评估可以帮助项目团队了解哪些风险最为重要，并据此制定相应的应对策略。

建设项目的风险识别与风险评估是风险管理过程中的两个紧密相关且互相依赖的环节。它们之间的关联体现在以下几个方面。

（1）顺序关系。风险识别通常在风险评估之前进行。在项目启动初期，项目团队需要识别可能影响项目目标的所有潜在风险。这为后续的风险评估提供了风险清单。

（2）输入输出关系。风险识别是风险评估的输入之一。在风险识别阶段收集的信息，如风险因素、风险来源和历史数据等，将用于风险评估。风险评估的结果，如风险的概率、影响和优先级，又可以为风险识别提供指导，帮助识别更多或更重要的风险。

（3）目的关系。风险识别的目的是确定可能影响项目的风险，而风险评估的目的是分析这些风险对项目目标（如时间、成本和质量）可能产生的影响。风险识别确定了评估的方向，而风险评估则确定了风险识别的有效性。

（4）迭代关系。在实际操作中，风险识别和风险评估往往是迭代进行的。在初步的风险评估完成后，可能会发现新的风险，或对已识别风险的理解更深入，从而需要更新风险评估。

（5）策略关系。风险识别和评估的结果共同为制定风险应对策略提供依据。识别和评估风险可以帮助项目团队选择最合适的风险应对措施，如风险规避、减轻、转移或接受。

（6）监测关系。在项目执行过程中，风险识别和评估的结果也被用于监测项目的实际风险情况，以验证风险管理策略的有效性，并根据变化进行调整。

总结来说，风险识别是风险评估的基础，而风险评估则是对风险识别的深入分析和判断。两者共同构成了项目风险管理的核心，确保项目团队能够及时识别和应对潜在的风险，以保证项目的顺利进行和成功完成。

3. 风险应对和监控

风险应对是建设项目管理中的一个环节，它涉及识别潜在风险、评估风险的可能性和影响，并制定相应的策略来规避、减轻、转移或接受这些风险。风险应对策略的制定是在风险管理规划阶段完成的，这要求项目团队对可能的风险有充分的了解和预见。

而风险监控则是在项目实施过程中，对已识别的风险因素和应对措施的执行情况进行持续跟踪和评估的过程。风险监控确保了风险应对措施的有效执行，并且能够及时发现新出现的风险或变化，以便快速响应和调整策略。

建设项目的风险应对与监控之间存在紧密的关联，这种关联是确保项目能够有效管理和控制。

① 风险应对的策略制定为风险监控提供了依据：在风险识别和评估的基础上，制定出来的风险应对措施是风险监控的核心内容。监控工作确保这些措施得以实施，并且它们的效果是否达到预期。

② 监控过程中的信息反馈能够调整风险应对措施：在项目执行过程中，通过监控收集到的信息可以反馈给风险管理团队，这有助于判断现有风险应对措施的有效性，并为调整措施提供依据。

③ 风险应对与监控是动态互动的过程：随着项目的推进和外部环境的变化，可能出现新的风险或原有风险的变化。这时，风险应对措施需要相应调整，而调整后的措施又需通过监控来验证其有效性。

④ 风险监控确保风险应对策略的持续适宜性：监控工作不仅关注当前的风险状况，还需要评估未来可能出现的风险，这有助于保证风险应对策略的长远适宜性和项目的整体安全。

综上所述，建设项目的风险应对与风险监控是相辅相成的。风险应对是预防和管理风险的策略和行动，而风险监控则是确保这些策略和行动得以有效执行，并能够及时调整以适应项目动态变化的必要手段。两者共同构成了建设项目风险管理的重要组成部分，对于保障项目的顺利进行至关重要。

3.2.3.5 项目收尾与后评价

1. 项目收尾工作

建设项目的收尾工作是指在项目临近完成阶段所进行的一系列工作，以确保项目顺利结束，能够按照预定目标完成，并且所有成果得到交付。收尾工作包括以下几个方面。

① 行政收尾：这涉及项目文件的整理、归档以及所有合同的结算。需要确保所有项目文档都得到妥善保存，以便未来参考。

② 财务收尾：包括对项目的成本进行最终结算，确保所有的开支都得到了正确记录和报销，以及进行项目的财务分析。

③ 验收工作：与客户或项目利益相关者进行最终的产品或服务验收。这可能涉及正式的验收会议、检查和测试。

④ 项目总结：进行项目的回顾和总结，评估项目的成功和不足之处，并编写项目总结报告。这有助于未来项目的管理和改进。

⑤ 绩效评估：对项目团队和项目经理进行绩效评估，以确定他们在项目中的表现和贡献。

⑥ 合同收尾：对于有合同约定的项目，需要完成合同收尾工作，包括办理合同结算、取得合同目标考核证书等。

⑦ 现场清理：确保项目现场得到彻底清理，移除所有临时设施和材料。

⑧ 资料移交：将所有项目相关的资料和文件移交给适当的部门或个人，以便未来使用和参考。

进行建设项目的收尾工作时，应遵循以下步骤。

① 制订收尾计划：确定收尾工作的具体步骤和时间表。

② 执行收尾工作：按照计划执行各项收尾工作，确保所有工作都得到妥善处理。

③ 监控和调整：在执行过程中，持续监控收尾工作的进展，并根据需要进行调整。

④ 最终验收：完成所有工作后，进行最终的验收，确保所有方面都符合要求。

⑤ 文档归档和保存：确保所有项目文档都得到正确归档和保存，以备未来参考。

收尾工作是建设项目中非常重要的一个阶段，它确保了项目的完整性和最终交付，也有助于从项目中吸取经验，为未来的项目提供参考。

2. 项目后评价与总结

建设项目的项目后评价与总结工作是在项目完成后进行的一系列分析和总结活动，旨在评估项目的实施效果、经验教训以及可能的改进措施。项目后评价与总结工作对于未来项目的规划和管理具有重要意义。

(1) 项目后评价与总结工作的内容

项目后评价与总结工作的内容包括以下几个方面。

① 项目目标评估：检查项目是否实现了其预定目标，分析项目目标设置的合理性。

② 项目效果评估：评估项目对环境、经济、社会等方面的影响和效果，分析项目是否达到了预期的效果。

③ 项目过程评价：对项目的规划、设计、施工、管理等各个阶段的工作进行评价，分析项目过程中的优点和不足。

④ 经验教训总结：总结项目实施过程中的成功经验和教训，为未来项目提供参考。

⑤ 改进措施建议：针对项目评价中发现的问题和不足，提出相应的改进措施和建议。

项目后评价与总结工作有助于了解项目的实际效果，总结经验教训，提高未来项目的规划和管理水平。通过认真进行项目后评价与总结工作，可以从中吸取经验，避免重复犯同样的错误，提高项目的成功率和投资效益。

（2）建筑师在项目的后评价与总结中的责任

在建设项目的后评价与总结工作环节中，建筑师承担着一定的责任，包括确保评价工作的标准、项目质量的控制、从专业角度与客户（项目业主和使用者）沟通等，同时也应该对项目的设计进行自我总结和针对性的后评价。建筑师具体担任的责任如下。

① 项目回顾与分析：建筑师需要对项目的设计、施工和最终成果进行全面的回顾和分析。这包括评估设计是否符合原定目标和标准，施工过程中是否存在问题，以及最终的建筑效果是否达到了预期。

② 技术评估：评估建筑项目的技术性能，如结构的稳定性、功能的合理性、材料的适用性等，以及这些因素对项目整体效果的影响。

③ 用户反馈：收集和分析项目使用者的反馈，了解建筑在实际使用中的表现，包括舒适度、便捷性、维护成本等方面。

④ 成本效益分析：分析项目的成本效益，包括建设成本、运营成本以及项目带来的经济效益和社会效益。

⑤ 问题识别与改进建议：识别项目在设计、施工和使用过程中存在的问题，提出改进措施和建议，为未来项目提供经验教训。

⑥ 文档整理与报告编写：整理项目相关的设计文件、施工记录、用户反馈等资料，编写项目后评价报告，详细记录项目的评价结果和总结建议。

通过这些工作，建筑师能够对项目进行全面的评估，清晰地了解设计质量和市场，为未来的建筑设计和管理提供宝贵的参考。同时，这也有助于提升建筑师的专业水平和行业整体的发展。

（3）项目管理的类型

由上可见，建设项目的管理是一个复杂的过程，涉及多个参与方，每方都承担着不同的角色和责任。主要包括行政方面、设计方面、施工方面，根据建设项目不同参与方的工作性质和组织特征，项目管理的主要类型如下。

① 业主方项目管理：业主或项目法人是项目的发起人和最终受益者，他们对项目的成功负有最终责任。

业主方的项目管理涉及项目的前期策划、可行性研究、资金筹措、选择设计和管理团队、监督项目执行，以及后期竣工验收和运营管理。

② 设计方项目管理：设计方负责项目的规划设计，包括编制设计方案、施工图纸和技术规范等。

设计方的项目管理主要在项目实施准备阶段进行，并延伸至实施阶段和投产竣工阶段，确保设计符合规范并满足用户需求。

③ 施工方项目管理：施工方负责根据设计图纸和规范进行实际的建设工作，包括土建、安装和装饰等。

施工方的项目管理工作主要在项目实施阶段和投产竣工阶段进行，目标是为业主提供符合合同要求的建筑产品。

④ 供货方项目管理：供货方提供建设项目所需的材料、设备等物资。

供货方的项目管理工作从项目实施准备阶段开始，直至项目实施阶段和投产竣工阶段，确保物资的质量和供应时间。

⑤ 建设项目总承包方项目管理：建设项目总承包方承担整个建设项目的管理和协调工作，可能包括设计、施工和采购等。

建设项目总承包方面向整个项目实施期，负责整体规划和控制，确保项目按期、按预算完成。

⑥ 项目监理单位管理：监理单位是由建设单位委托，对施工单位的建设项目进行监督管理的专业机构。监理单位需确保施工过程符合安全生产法律法规和强制性标准，同时保证工程质量、安全、进度和投资控制等目标的实现。

⑦ 政府及社会有关管理部门：政府通过相关部门对建设项目进行监督管理，确保项目符合法律法规、规划和标准要求。

这些部门负责审批、许可、监督和检查项目，保障项目的合法性和社会公共利益。每个参与方都要依据合同约定承担相应的责任和义务，如满足质量要求、按照质量总目标确定自身质量目标、制定并实施质量保证体系等。共同构成了建设项目的项目管理系统，协作确保项目的顺利进行和成功完成。

综上所述，建设项目的管理和组织是一个复杂的过程，涉及多方参与。主要参与方及其相互关系如下：

① 业主方：建设项目的发起人和最终受益者，负责项目的投资和收益。业主方通常会委托项目管理团队或聘请项目管理公司来代表自己管理和监督整个项目。

② 设计方：负责项目的规划和设计，包括初步设计、施工图设计等。设计方需要充分理解业主的需求，并确保设计方案满足功能、质量和预算要求。

③ 施工方：负责项目的施工实施，包括施工组织、施工管理、质量控制、安全监督等。施工方需要按照设计方案和施工图纸进行施工，确保项目按期完成且质量达标。

④ 供货方：负责提供项目所需的材料、设备和技术支持。供货方需要确保物资的质量和供应时间满足项目需求。

⑤ 建设项目总承包方：在特定的建设项目承发包模式下，承担设计和施工或者设计、施工和采购的总体责任。建设项目总承包方需要对整个项目的质量和进度负责。

这些参与方之间的关系通常基于合同来界定，各方需要密切合作，确保项目顺利进行。业主方与项目管理团队或项目管理公司之间的委托关系，项目管理团队与设计方、施工方、供货方等之间的委托和被委托关系，以及建设项目总承包方与各分包方之间的总分包关系，都是项目成功的重要保障。

为了实现项目的顺利推进，要求各参与方在不同的阶段，根据项目的实际情况，有效地协作和沟通，确保各自的工作互相支持和互补，确保项目目标的顺利实现。在这一过程中，项目组织形式、设计、行政和投资等方面相互影响、相互制约，共同推动项目的顺利进行。

设计方面是项目的重要组成部分，负责完成项目的设计工作。设计组织需要根据项目的需求和技术标准，制订出满足功能需求和技术规范的设计方案。设计组织通常要求有较高的专业性和创新性，同时也要考虑到设计周期、成本和质量。

行政方面，是在项目的管理过程中，通过行政命令、协调沟通、决策支持等手段，确保项目按照既定的目标和计划推进。这涉及项目管理的组织结构、管理制度、管理流程等方面。行政方面的工作重点在于协调各方关系，确保项目资源的有效利用，以及项目风险的及时应对。

投资方面，投资控制是项目管理中的一个关键组成部分，涉及项目的资金筹集、使用和回收。投资方通常会对项目的预算、成本控制、资金流进行严格的监管。项目组织在设计和管理过程中，需要充分考虑到投资方的要求，确保项目的投资效益最大化。

总之，项目管理是一个动态的过程，要求项目团队和参与各方不断地适应变化、优化流程、提高效率，并且始终保持对项目目标的清晰认识和对项目环境的敏感度。

3.3 建筑师与建设项目管理

项目建设从开始到建成是一个完整的过程，包括前期准备、设计阶段、项目预算与资金筹措、项目实施、项目进度控制，以及项目验收与运营准备等关键步骤，这些步骤相互关联和递进，形成一套完整的程序。

3.3.1 项目基本建设程序

建设项目基本建设程序是指从前期准备、工程设计及报建、采购施工到竣工验收整个过程中的各个阶段及其先后顺序（图3-1）。

工程项目基本建设程序主要包括以下几个阶段。

（1）前期准备阶段

在进行任何工程项目的基本建设之前，必须进行充分的前期准备工作，确保项目能够顺利实施。前期准备阶段主要包括以下几个步骤。

① 项目建议。这是工程项目启动的第一步，主要对项目的可行性、必要性、建设规模、投资估算等进行初步论证。

② 可行性研究。在项目建议的基础上，通过市场调研、技术评估和风险分析等工作，对项目的技术、经济、市场、环境等方面进行详细研究，评估项目的可行性。

③ 项目立项程序。在项目可行性研究报告通过评审后，需要进行项目立项程序。这包括编制项目建议书、申请立项、进行评审和批准等步骤。

④ 资金筹措。在项目立项后，需要进行资金筹措工作。这包括编制项目投资计划、进行融资申请、与投资方洽谈等步骤，以确保项目有足够的资金支持。

（2）工程设计及报建阶段

设计阶段是工程项目基本建设的重要环节，主要包括以下几个步骤。

① 方案设计。根据批准的可行性报告批准的设计任务书，进行现场勘探和甲方座谈，取得可靠的设计资料，从技术和经济上对项目进行系统全面的规划和设计，形成符合审批要求的设计文件，包括设计说明、项目规划、建筑方案、经济技术指标等。

② 初步设计及批审。初步设计是在方案设计的基础上，对工程项目进行初步设计，包括建筑技术设计、施工方案设计、工程量清单编制等。此环节的工作目的是配合项目进度计划确定项目的基本布局和方案。

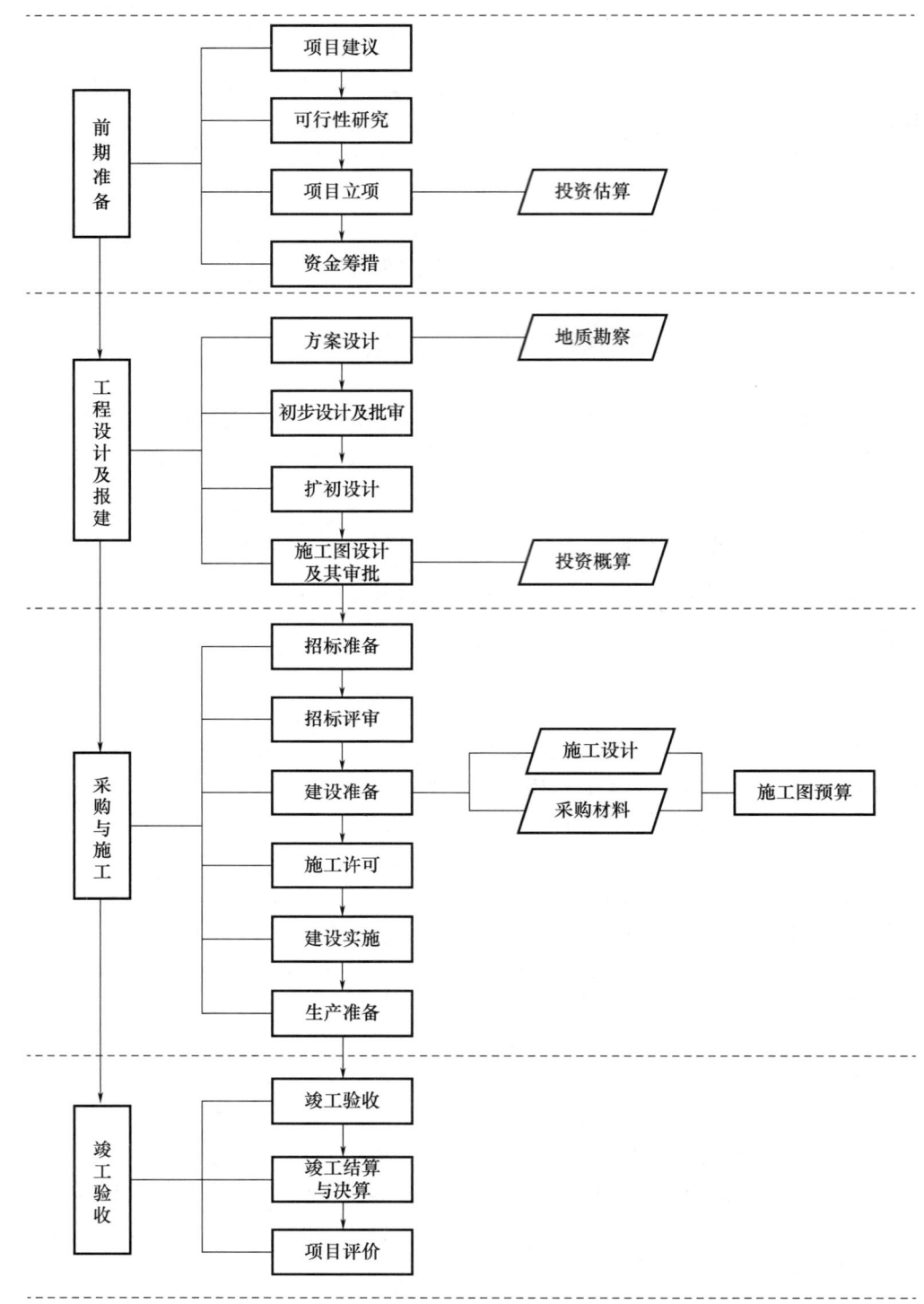

图 3-1 工程项目基本建设程序

③ 扩初设计。扩初设计是介于方案和施工图之间的设计,是在方案设计基础上的进一步设计,但设计深度还未达到施工图的要求。一般小型工程可能不必经过这个阶段

直接进入施工图。

④ 施工图设计及其审批。施工图设计是在初步设计和扩初的基础上进行的，主要包括详细的结构设计和施工细节设计等工作。此阶段的目的是为施工提供详细的指导，确保项目的顺利进行和工程质量和安全。

(3) 采购与施工阶段

采购与施工阶段是工程项目基本建设的重要环节，主要包括以下几个步骤。

① 招标准备。在招标前，需要制定招标文件、确定招标范围和标段划分，并进行相关的公告和宣传工作。

② 招标评审。招标评审是对投标人提交的投标文件进行评审和比较，确定哪个投标人的方案最具优势，并符合招标文件的要求。评标的过程通常分为预审、评审、终审、公示和签订合同五个环节。

③ 建设准备。包括招标设计、采购材料、施工队伍组织、施工现场布置等工作。

④ 施工许可。指按照有关规定，向相关部门取得的可以进行建筑工程施工的许可。

⑤ 建设实施。根据施工图和工程招投标结果，签订合同，进行施工。

⑥ 生产准备。在工程建设过程中，同步进行生产设备的采购、人员培训等工作。这个工作是针对生产性建设项目，在其竣工投产前，建设单位应适时地为开展生产活动进行的必要准备，是由建设阶段转入经营阶段的一项重要工作。

(4) 竣工验收阶段

工程完成后，进行严格的验收，确保工程质量、安全、环保等方面达到规定要求。

① 竣工验收。建设工程依照国家有关法律法规及工程建设规范、标准的规定完成工程设计文件要求和合同约定的各项内容，建设单位已取得政府有关主管部门（或其委托机构）出具的工程施工质量、消防、规划、环保、城建等验收文件或准许使用文件后，组织工程竣工验收并编制完成《建设工程竣工验收报告》。

② 竣工结算与竣工决算。竣工结算是按照工程进度、施工合同对工程价款的结算，而竣工决算是对整个工程进行清算。

③ 项目后评价。对工程项目建设的全过程进行总结和评价，分析项目的经济效益、社会效益和环境效益。

几个阶段的安排是依据项目总计划推进的，可谓环环相扣，相互制约，每一个阶段进行前都要做相应的计划和准备，同时为下一阶段的开展提供条件。

此外，还有五项制度约束基本建设程序的实施，包括项目法人责任制、招标投标制、建设监理制、合同管理制、竣工验收制。在质量（安全）保证体系方面，项目法人（建设单位）负责、监理单位控制、施工单位保证、政府质（安）监机构监督。在建设项目维稳保障体系方面，包括资金安全合同制、分包（含劳务分包）报备制、财务管理内审制、举报制、信访接待制等。

3.3.2 建筑师与项目管理

建筑师与建设项目管理工作之间存在着紧密的联系。建筑师在项目管理中扮演着多重角色，不仅是设计者，也是项目成功的关键参与者，负责协调设计、施工和项目完成等多个阶段。

1. 项目规划与设计阶段管理
① 项目需求分析：建筑师需要了解和分析项目所需的功能、空间布局以及用户需求。
② 概念设计：根据需求分析，形成初步的设计概念。
③ 方案设计：深化概念设计，形成具体的设计方案。
④ 技术经济分析：评估设计方案的经济效益和技术可行性。
⑤ 设计审批：完成设计方案的审批流程。

此阶段，建筑师往往以技术为支撑兼任着策划或者顾问的角色，从项目的功能定位、建设规模、投资回报、客户的综合效益等多个角度给甲方科学理性的建议。这就要求建筑师具有丰富的知识、敏锐的洞察力和分析能力，能够与专业的策划公司进行良好的沟通。

2. 项目施工阶段管理
① 施工图纸和文件的准备：提供详尽的设计图纸和技术文件给施工团队。
② 施工现场的监督：确保施工过程符合设计意图和相关标准。
③ 质量控制：对施工质量进行严格把控，确保建筑安全。
④ 进度管理：监控施工进度，确保项目按时完成。
⑤ 材料和设备的选择：根据设计要求选择合适的建筑材料和设备。

此阶段，建筑师需要协调与项目相关的所有参与者，包括业主、工程师、承包商、供应商等，要确保所有参与方对设计方案有清晰的理解，并及时解决项目执行过程中出现的问题。有时建筑师还承担着监理的角色，协助甲方组织各类会议，监督项目进度，确保项目按计划进行。有时承担着质量监督部门的角色，对施工质量进行监督，包括材料的选择、施工工艺等，确保项目质量符合标准。

3. 项目竣工与后期管理
① 竣工验收：组织或参与竣工验收，确保建筑物的质量满足预期。
② 资料归档：负责项目相关资料的整理和归档工作。
③ 后期维护与优化：对建筑物进行使用评估，提出改进和维护建议。

建筑师在项目完成后，还需提供一定期限的技术支持和售后服务，确保项目顺利运行。此外，建筑师还可能需要参与项目的评估和审计，以评估项目的成功程度和可能存在的改进空间，为下一步的设计积累经验教训。一些重点建设项目或大型建设项目在建成和投入使用之后，需申报国家级以及省市级的评奖，建筑师在此工作中也要做全面的配合。

4. 项目成本控制
① 预算编制与控制：制定项目预算，监控成本支出。
② 变更管理：对设计变更进行评估和控制，以减少成本增加。

建筑师在设计过程中务必要考虑成本控制，确保设计方案在预算范围内。必要时还需协同财务部门对项目成本进行监控，防止超支。

5. 项目沟通协调
① 与业主的沟通：确保业主的需求得到满足，及时反馈项目进展。
② 团队协作：协调设计团队、施工团队以及其他相关方的工作。
③ 风险管理：识别和管理项目可能面临的风险。

6. 可持续性与规范遵循
① 绿色建筑：注重建筑物的能效和环保标准。
② 规范遵循：确保项目符合当地的建筑法规和安全标准。

总之，建筑师作为项目的重要负责人，其参与建设项目管理工作的全面性和细致性直接关系到项目的成功与否。在整个项目周期中，建筑师需要不断调整和优化管理策略，确保项目能够高效、高质量地完成。

建筑师是设计阶段的核心专业人员，对项目的设计意图和细节有深入的理解。而且建筑师的专业知识涵盖了建筑美学、功能布局、结构安全、材料选择等多个方面，因此，他们往往能够在项目建设的全过程中提供全面的技术指导和支撑，并且能够确保设计理念在施工过程中得到准确传达和实施。同时，每个项目都有其特定的需求和挑战，不同的项目性质也要求不同的管理方式，建筑师作为设计者和项目发起人，最清楚项目的目标和要求，他们参与项目管理能够更好地满足这些特殊需求。这也是建筑师参与项目管理或者直接转行专职进行项目管理工作的很重要的缘由。

[课后思考与练习]

1. 项目管理在项目的运营和推进过程中占据着怎样的位置？项目管理的主要目标和要素是什么？

2. 某房地产开发公司预投资建设一新型住宅小区，请为该公司设计三种可行的项目管理方式，并指出在此管理方式中建筑师应配合的工作。

4 项目建设程序及管理

[纲要]　建设项目从立项到投入使用是一个复杂的过程，经过从审批到施工的完整程序。建筑师是负责建筑设计的专业人士，他们在整个项目建设过程中发挥着至关重要的作用。建筑师需要熟悉项目建设的程序，并有义务与项目建设相关机构和组织做好工作配合，以更好地确保项目建设顺利进行。

4.1　项目建设及管理机构

4.1.1　项目建设概论

项目建设是指为了形成特定的生产能力或使用效能而进行的一系列活动，这些活动包括计划、设计、融资、建设、安装和调试等，最终形成可以生产产品、提供服务或满足某种需求的固定资产。项目建设可以涵盖各种类型的工程，如工业设施、交通运输系统、公共建筑、住宅小区、水利工程、环境保护项目等。

4.1.2　项目建设的管理机构及其职能

项目建设从开始到建成是一个完整的过程性工作，每一个环节需经过管理部门的审批监查，以确保项目的合规性、合理性和可行性，为项目的顺利实施和运营奠定基础。项目建设的管理机构，是项目推进的过程中在法规、政策、技术等方面对项目进行政策审批、技术审查、现场监督等方面按照一定的程序，从设计、施工直至交付使用进行监督管理并给予合法手续办理的机构。

项目建设的手续办理和建设过程中会涉及多个管理机构，这些管理机构的职能各不相同，共同保障建设项目的顺利进行。以下是一些常见的管理机构及其职能。

1. 项目审批部门

负责对建设项目进行审批，包括项目建议书、可行性研究报告、环境影响评估报告等。项目审批部门通常是国家或地方发展改革委。

需要了解的是，国家或地方发展改革委是中国负责国民经济和社会发展宏观调控的部门，负责审批或审核一系列建设项目，以确保这些项目符合国家的发展战略、规划政策和法律法规。尤其是国家重点建设项目、重大基础设施项目、重要工业项目、政府投资的房地产开发项目、外资和境外投资项目以及环境保护和生态建设项目。

需要注意的是，随着行政体制改革的推进，一些审批权限可能会下放或调整，具体审批范围和程序可能会发生变化。因此，对于具体项目的审批权限和流程，应以最新的法律法规和政策为准。

2. 规划部门

负责对建设项目的规划进行审批，包括选址、土地利用、建筑设计等。规划部门通常是国家或地方的城市规划部门，主要是各级自然资源和规划部门。这些部门根据层级不同，可能被称为省自然资源厅、市自然资源和规划局、县自然资源局等。其职责包括：制定和实施地方城乡规划、项目选址审批、建设用地规划许可、建设工程规划许可、规划监督和执法、参与建设项目审批等工作。

此外，规划部门还会参与建设项目的前期研究、可行性研究、环境影响评价等工作，为项目审批提供专业意见。随着行政体制和审批流程的不断优化，规划部门的职能可能会有所调整，但它们在建设项目审批和管理中的核心作用不会改变。

3. 土地管理部门

负责对建设项目的土地使用权进行审批和管理，包括土地征收、补偿、出让等。目前阶段负责对建设项目的规划进行审批的土地管理部门与规划审批部门都是各级自然资源部门。在土地管理方面的职责包括：土地利用规划、土地审批、土地使用权管理、耕地保护、土地整治等工作。主要是从土地资源管理和利用的角度出发，确保建设项目的规划和实施符合土地利用规划和法律法规要求，促进土地资源的合理利用和可持续发展。

在实际操作中，自然资源部门会与规划部门、生态环境部门等其他相关部门协同工作，共同完成建设项目的审批工作。

4. 环境保护部门

负责对建设项目的环境影响进行评估，并监督项目在建设过程中和运营期间的环境保护工作。环境保护部门通常是国家和地方的各级生态环境部门。这些部门根据层级不同，可能被称为省生态环境厅、市生态环境局、县生态环境局等。其职责包括：环境影响评价、生态保护红线和环境敏感区管理、环境质量监测与监管、环境保护审批、环境执法与监督等工作。生态环境部门在建设项目规划审批中的作用主要是从环境保护的角度出发，确保建设项目的规划和实施符合环境保护法律法规和政策要求，促进绿色发展。

在实际操作中，生态环境部门会与其他相关部门如规划部门、发展改革部门等协同工作，共同完成建设项目的审批工作。

5. 建设部门

负责对建设项目的施工进行管理和监督，包括施工许可、质量监督、安全监管等。建设部门通常是国家或地方的住房和城乡建设部门，这些部门根据层级不同，可能被称为省住房和城乡建设厅、市住房和城乡建设局、县住房和城乡建设局等。其职责包括：建设规划审批、施工许可、工程质量监管、建筑工程验收、行业管理等方面。主要是从建设实施和行业管理的角度出发，确保建设项目的规划和实施符合城乡规划、建筑设计规范和相关法律法规要求，促进建设行业的健康发展。

在实际操作中，住房和城乡建设部门会与规划部门、生态环境部门、自然资源部门等其他相关部门协同工作，共同完成建设项目的审批和管理。

6. 水利部门

负责对建设项目的水利设施进行管理和监督，包括水资源论证、水土保持、河道管理等。建设项目进行审批时涉及的水利部门主要是水利厅或各级水利（水务）局，这些部门根据行政层级不同,可能被称为省水利厅、市水利局、县水利局等。其主要职责包括:水利规划审批、水资源论证、取水许可、水土保持审批、洪水影响评价审批、工程建设许可。主要是从水资源的合理开发、利用、保护和水环境治理的角度出发,确保建设项目的规划和实施符合水资源管理、水环境保护等相关法律法规和规划要求,促进水资源的可持续利用和水环境的改善。其中,对建设项目进行取水许可的审批,是为了确保建设项目在合法合规的范围内取用水源;工程建设许可,是为了确保建设项目符合水利工程建设的相关要求。这两个审批手续,每一个民用建设项目都需要。

在实际操作中,水利部门会与规划部门、生态环境部门、住房和城乡建设部门等其他相关部门协同工作,共同完成建设项目的审批和管理。

7. 交通运输部门

负责对建设项目的交通设施进行管理和监督,包括交通规划、道路建设、运输管理等。建设项目审批过程中涉及的交通运输部门主要是交通运输厅或各级交通运输局,如省交通运输厅、市交通运输局、县交通运输局等。其主要职责包括:涉及道路、铁路、水运、航空等交通领域的建设项目的规划;工程可行性研究审批;设计审批等。针对专项的交通类项目,还要执行工程建设许可、安全生产条件审批、环境影响评价审批和招投标管理的职责,旨在从交通运输基础设施规划、设计、建设、运营和安全等角度出发,确保建设项目的规划和实施符合交通运输管理的相关法律法规和规划要求,促进交通运输行业的健康、持续发展。

在实际操作中,交通运输部门会与规划部门、生态环境部门、住房和城乡建设部门等其他相关部门协同工作,共同完成建设项目的审批和管理。

8. 林业部门

负责对建设项目涉及的林业资源进行管理和监督,包括林业审批、木材采伐、森林保护等。负责建设项目审批涉及的林业部门主要是各级林业和草原局。这些部门根据行政层级不同,可能被称为省林业和草原局、市林业和草原局、县林业局等。其职责包括:临时用地许可、森林植被恢复、森林资源评估、环境影响评价、采伐许可、野生动植物保护等。主要是从森林资源保护、生态环境保护和野生动植物保护的角度出发,确保建设项目的规划和实施符合林业管理的相关法律法规和规划要求,促进森林资源的可持续利用和生态环境的改善。

在实际操作中,林业部门会与规划部门、生态环境部门、住房和城乡建设部门等其他相关部门协同工作,共同完成建设项目的审批和管理。

以上仅为常见管理机构的代表,实际操作中可能还会涉及其他专业性和地方性的管理机构,如文旅部门针对文物古迹保护的政策、人民防空办公室对于人防工程的管理规定等。总之,建设项目的各个管理机构通常需要协同工作,以确保项目的合规性和顺利进行。

4.2 项目基本建设程序

以山东××市某停车场项目为例,讲述项目建设的手续办理流程和涉及的职能管理部门及其职能。

2023年5月，某投资公司预投资建设山东省××市××区的公共停车场项目。市自然资源局提供的规划建设条件书上明确了设计指标及规定：用地性质为交通场站用地，土地使用权出让年限为50年。建设用地面积15904m²，容积率不低于0.3，绿地率不低于20%，停车位数量不少于500个，附属建筑功能须符合停车场配套功能，建筑高度不高于24m。用地南侧规划道路红线宽度20m，路外公共绿地10m；东侧和西侧规划道路红线宽度12m，路外公共绿地8m。停车场出入口可以开在南侧、东侧和西侧的道路上。

根据规划条件和××市的项目管理办法，本项目的手续办理流程详解见图4-1。

1. 项目建设的特点

项目建设一般具有以下特点。

（1）复杂性。项目建设涉及投资者、设计师、承包商、供应商、用户等多方利益相关者，各方的目标和利益及其期望各不相同，需要通过协调和沟通来平衡；项目建设通常涉及多个领域和专业，如土建、安装、装饰、设计、管理、经济、环境等多学科，技术和管理都具有复杂性；在项目的规划、设计、实施和运营阶段可能遇到多种不确定性；项目建设涉及大量的资源，与社会、经济和环境关系密切，同时还涉及各种法律法规和标准。这些都使得项目建设具有不同程度的复杂性，需要项目团队提前进行全面的准备。

（2）系统性。项目在实施过程中的一系列相互关联和相互依赖的要素，包括项目目标、范围、时间、成本、质量、人力资源、物质资源、技术、风险等，他们相互作用，相互依赖，共同构成了一个有机整体，项目的成功依赖于这些要素的有效整合和协同工作。建设项目还是一个动态的、多步骤的系统过程，每个阶段都有特定的任务和要求，需要适应外部环境的变化，包括社会、经济、法律、技术等方面的影响。所以，项目的管理者需要从整体的角度去审视项目，识别项目各要素之间的联系和相互作用，采取有效的项目管理和协调措施，确保项目的高效和成功实施。

（3）风险性。项目建设往往需要较大的资金投入，涉及融资、投资和经济效益问题。不仅需要较大数额的初始投资，还需要持续的资金注入以支持项目的建设和运营。比如国际机场这类大型交通基础设施项目，往往需要数十亿元甚至数百亿元的投资。而且，越是大型的项目，投资回报周期越长，这些项目从投资决策到回收成本，可能需要数十年的时间。在这漫长的周期中，市场环境、技术进步、政策导向、自然环境等都可能发生变化，这都是项目要面临的风险，也是影响项目最终收益的很重要的因素。

（4）约束性。在项目的整个生命周期中，从前期规划、设计、融资、建设到运营维护各个阶段，都必须遵循国家和地区的法律法规和质量要求，包括土地使用法、建筑法、环境法、劳动法、合同法等；还要获得一系列的许可证和批准，如建设许可证、环境评估批准、施工安全批准等，这是项目能否启动的前提条件；项目建设中的各种合同，如工程承包合同、供应链合同、融资合同等，都受到合同法的保护。这些法律约束是确保项目合法性、合规性、安全性和可持续性的基础。

项目建设里的建筑工程除了具有上述特点，还普遍具有其独特性（唯一性）、规模性、地域性、主观性和私有性。因建筑是为了满足特定客户的使用或者意图的定制产

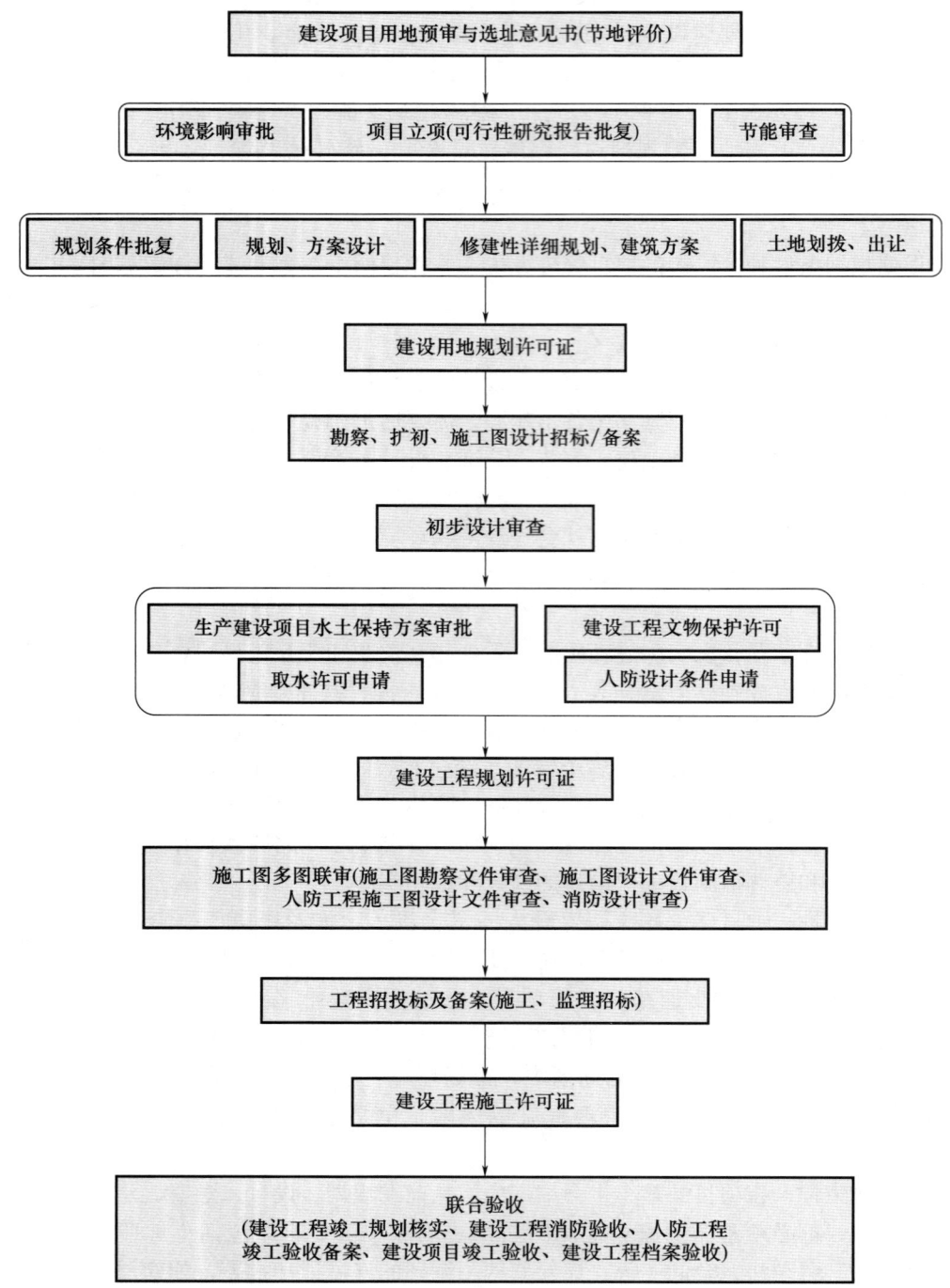

图 4-1　山东××市某停车场项目手续办理流程

品,其独特性是不可或缺的;建筑是一种艺术与技术结合的产物,是为人们使用的物质产品,功能和空间、审美需求等要求建筑具有一定的规模;而土地资源、建设成本等的限制和建筑的不动产特性,使得建筑的建造和使用材料受到地域的限制;最终建筑的建成是受到了设计者、客户（使用者）甚至非特定人群的意志和专业评价标准的影响才达成的，建造的过程也因业主需要的独特性和个性彰显，具有明显的主观性和独特性。

4.2.1　建设项目用地预审和选址意见书

(1) 主管部门：××市行政审批局。

(2) 提交材料：

① 建设项目用地预审和选址意见书"多审合一"申请表（原件一份、电子版一份）。

② 项目建设单位申请报告（原件一份、电子版一份）。

③ 项目建设依据（审批项目建议书的建设项目提供项目建议书批复文件，直接审批可行性研究报告或者需核准的建设项目提供建设项目列入相关规划或者产业政策的文件）（原件一份、电子版一份）。

④ 土地利用总体规划图、现状图、项目用地边界拐点坐标表（2000国家大地坐标系，电子版TXT格式）（原件一份、电子版一份）。

⑤ 项目区位图、项目地形图或线路示意图。

⑥ 节地评价报告（无建设用地控制标准或超标准建设的项目需要，以《山东省建设用地控制标准2019版本》为依据）。

(3) 办理时间：材料齐全受理1个工作日，批复前公示7个工作日，需在项目现场制作宣传牌进行公示，总计时间10个工作日。

(4) 完成成果：建设项目用地预审与选址意见书。

(5) 注意事项：项目如需做节地评价，一定注意节地评价的各种用地用途，防止主要用途改变，给后续规划设计造成麻烦。同一块地中哪个用地性质所占比例最大，哪个列在不动产证的最前面。

4.2.2　项目可行性研究报告审批

政府投资项目需此项，本停车场项目不需要提交审批，但投资方有必要做可行性研究。

(1) 主管部门：××市行政审批局或××市发展改革委。

(2) 提交材料：

① 项目单位或主管部门可行性研究报告审批申请文件。

② 建设项目可行性研究报告。

③ 城乡规划行政主管部门出具的选址意见书（仅指以划拨方式提供国有土地使用权的项目）。

④ 相应发展改革部门出具的项目节能评估报告审查意见或不单独进行节能审查的承诺。

⑤ 依法必须招标的，提供建设项目招标方案。

⑥ 建设项目资金相关证明。

(3) 办理时间：材料齐全当日受理，相关审查至出文共计需10个工作日。

(4) 完成成果：评审通过的项目可行性研究报告。

4.2.3 项目立项（政府投资项目）

(1) 主管部门：××市发展改革委。
(2) 提交材料：

① 项目申请人提交的请示文件（县/区所属项目由所在地县/区发展和改革部门向市发展改革委出具项目审批请示文件）。

② 提供乙级或以上工程咨询资格和相应机构编制的可行性研究报告；城乡规划行政主管部门出具的选址意见书（仅指以划拨方式提供国有土地使用权的项目）。

③ 国土资源行政主管部门出具的用地预审意见（国土资源主管部门明确可以不进行用地预审的情形除外）。

④ 政府财政部门出资承诺，项目资金来源证明（特别注明项目名称及资金数额）。

⑤ 单位法人证书或组织机构代码证复印件。

⑥ 符合国家要求的节能评估报告（项目运营期能源消耗总量折合标准煤1000~5000t 需出具节能评估审查意见；1000t 以下不再单独出具节能评估审查意见）。

⑦ 属于重大固定资产投资项目的，项目单位需提供委托具有资质的单位编制社会稳定分析报告和评估报告，所在地有关部门出具的社会稳定风险评估意见（符合下列条件之一即为重大固定资产投资项目：a. 建设项目征地涉及农用地转用50亩以上的；b. 国有土地上房屋征收涉及被征收人超过500户的；c. 按照《建设项目环境影响评价分类管理名录》规定应编制环境影响报告书的；d. 国内或当地类似项目发生过群体性事件等其他可能引发社会稳定风险的）。

注：1亩≈666.67平方米。

⑧ 必须依法进行招标的，提供建设项目招标方案（可单独成册，亦可作为一章节编写入可行性研究报告）。

⑨ 项目单位真实性承诺书。该告知单根据国家法律法规的调整实行动态管理。

(3) 办理时间：材料齐全受理1个工作日，总计20个工作日左右。
(4) 完成成果：《关于××建设项目可行性研究报告的批复意见》。
(5) 注意事项：可行性研究中投资估算应尽量宽松，投资估算大于设计概算、大于施工图预算且最终结算超过投资估算10%，需要重新招标或签订附加合同并进行追责。

4.2.4 企业投资项目核准（社会投资民用建筑）

《政府核准的投资项目目录》以外的企业投资项目和房地产开发项目，实行备案管理。

(1) 主管部门：××市行政审批局。
(2) 提交材料：

① 申请表——立项用地规划许可阶段；

② 项目申请报告。

(3) 办理时间：材料齐全受理3个工作日。
(4) 办理流程：网上办理——山东政务服务网。
(5) 完成成果：《××市行政审批服务局关于××项目核准的批复》—核准（社会

投资民用建筑)。

4.2.5 招标核准

依法必须进行招标的相关工程建设项目招标范围、招标方式、招标组织形式核准包括：

(1) 主管部门：××市发展改革委。
(2) 提交材料：工程建设项目招标方案。
(3) 办理时间：材料齐全受理3个工作日。
(4) 完成成果：山东省建设项目招标方案。
(5) 注意事项：依据可行性研究报告中拟定的招标形式出具招标方案。

4.2.6 节能审查

(1) 主管部门：××市行政审批局工程审批科室。
(2) 提交材料：
① 项目申请人提交的申请节能审查的请示文件；
② 项目单位自行或者自主委托相应专业机构编制的项目节能报告（包含专家评审意见）、发改委关于能耗指标的确认函；
③ 已完成立项的，应提供企业投资项目立项（核准/备案）文件（由项目立项核准/备案批准单位出具）；
④ 耗煤的项目，应提供煤炭消费减量替代方案审查意见（由立项同级煤炭消费总量控制主管部门出具）。
(3) 办理时间：材料齐全当日受理，法定时限20个工作日。
(4) 完成成果：关于××项目节能报告的审查意见。
(5) 注意事项：发展改革委发布《不单独进行节能审查的行业目录》指出，年综合能源消费量不满1000t标准煤，且年电力消费量不满$5\times10^6\,\mathrm{kW\cdot h}$的固定资产投资项目，以及涉及国家秘密的项目不再单独进行节能审查，需提供项目能耗说明和节能承诺。

4.2.7 建设项目环境影响评价审批

(1) 主管部门：××市行政审批局工程审批科室。
(2) 提交材料：
① 环境影响报告书；
② 建设项目环境影响报告书；
③ 公众参与说明；
④ 不宜公开信息的说明；
⑤ 基础信息表；
⑥ 环境影响报告表。
(3) 办理时间：材料齐全当日受理，法定时限30个工作日。
(4) 完成成果：关于××项目环境影响报告书（表）的批复。
(5) 注意事项：具体环评类别查询《建设项目环境影响评价分类管理名录》(2021)。

4.2.8 项目规划设计

（1）经办部门：委托有设计资质的规划设计院进行规划设计，修建性详细规划需经区自然资源和规划分局审批。

（2）提供成果：平面图、定位图、竖向图、管线图等。

（3）注意事项：现场定位图和竖向图应注意同周边已建建筑、市政道路、给排水管网的高差，管线图应基于实际现状或规划设计开口位置。

4.2.9 项目方案设计

（1）经办部门：委托有设计资质的建筑设计院进行建筑方案设计。

（2）提供成果：建筑平面图、立面图、剖面图、鸟瞰图及多视点的透视图等。

（3）注意事项：注意建筑方案设计与规划设计相符合，注意建筑各项指标的确定。

4.2.10 项目方案设计批复

（1）主管部门：由同级自然资源和规划局（林业局）组织国土空间规划审查委员会会议审查。

（2）提供材料：建筑方案汇报文本、方案图纸、效果图等。

（3）注意事项：严格按照相关规划进行设计，建筑风貌应与外围建筑风格相协调。

4.2.11 项目规划条件批复

（1）主管部门：××区自然资源和规划分局。

（2）提供材料：规划设计图纸等。

（3）注意事项：注意容积率、建筑密度、建筑高度等相关指标。

4.2.12 项目土地划拨决定意见书批复

（1）主管部门：××市自然资源和规划局自然资源开发利用科。

（2）提供材料：

① 土地划拨批文；

② 宗地平面界线图；

③ 宗地竖向界线图；

④ 规划条件。

（3）注意事项：注意各用途宗地面积的大小，影响后期规划验收，注意建筑面积、建筑密度、容积率、建筑高度等指标的设置。

4.2.13 项目修建性详细规划批复

（1）主管部门：××区自然资源和规划分局提请××市自然资源和规划局审核盖章。

（2）提供材料：提供装订成册的项目修建性详细规划（纸质6份）。

（3）注意事项：注意各用途宗地面积的大小，影响后期规划验收，注意建筑面积、建筑密度、容积率、建筑高度等指标的设置。

4.2.14 建设用地规划许可证

（1）主管部门：××市行政审批局工程审批科室。
（2）提供材料：
① 规划条件；
② 勘测定界图；
③ 批准用地文件（出让方案批复或划拨批复）。
（3）办理时间：材料齐全当日受理，2个工作日内出证。
（4）完成成果：建设用地规划许可证。

4.2.15 不动产登记及不动产证办理

（1）主管部门：××区自然资源和规划分局、××市不动产登记中心。
（2）提供材料：
① 土地划拨资料汇总卷宗；
② 第三方测绘公司提供的不动产测绘、权籍调查、土地落宗。
（3）办理流程：区自然资源和规划分局收取土地划拨资料汇总卷宗——委托不动产测绘机构出具不动产测绘、权籍调查、土地落宗等材料——提交市不动产登记中心申请不动产证书。
（4）办理时间：第三方服务预计需7～10个工作日提供相关资料，资料准备齐全当日受理，2个工作日出证，共需10个工作日左右。
（5）注意事项：需委托第三方机构进行不动产测绘、权籍调查及土地落宗等服务，并对接不动产登记中心进行登记；不动产证书中土地用途与土地划拨决定意见书相一致，且根据面积大小从大到小进行排序；第三方服务费用按建筑面积每平方米的单价乘以总计容面积收取，公共建筑不动产权证书的办理也收取费用。

4.2.16 项目初步设计审查

（1）主管部门：××市住房和城乡建设局勘察设计科。
（2）提供材料：
① 初步设计文件审查的申请（原件，正式文件带文号）；
② 建设工程初步设计审查申请表；
③ 项目立项批复文件；
④ 建设项目初步设计文件；
⑤ 建设项目概算书；
⑥ 岩土勘察报告书。
（3）办理流程：将项目基本资料及技术资料整理完成，在建设工程网上办事大厅提交相关信息及附件——××市住房和城乡建设局勘察设计科受理并组织专家进行评审——依据专家评审意见修改图纸或项目概算——××市住房和城乡建设局勘察设计科签发审核通过文件。
（4）办理时间：资料齐全当天受理，专家评审预计需要7日，修改及完善并签发文件共需20日。

(5) 注意事项：需要进行初步设计审查的有单体建筑面积大于 20000m^2 的公共建筑、建筑高度超过 50m 的公共建筑、总建筑面积大于 10000m^2 的地下空间以及防护等级为四级及以上级别的附建式人防工程。进行初步审查的项目均需要提供初步设计图纸及初步设计概算，且设计概算不得高于立项中的投资估算。

4.2.17　人防设计条件申请

（1）主管部门：××市行政审批局行政审批科室。
（2）提供材料：建设单位提交请求提前出具人防设计条件的申请。
（3）办理流程：建设单位提交申请——××市行政审批局行政审批科室简述人防设计条件——依据相关人防设计条件进行人防设计。

4.2.18　建设工程规划许可证办理

（1）主管部门：××市行政审批局工程建设审批科室。
（2）提供材料：
① 建设工程规划许可证申请表（纸质版，4份）；
② 土地证明材料（不动产登记证或划拨文件）；
③ 建设工程设计方案（纸质图纸，4份）；
④ 经审定的地块修建性详细规划（需要编制修建性详细规划的项目提供）；
⑤ 位于城市景观风貌影响较小的工业园区等经济功能区的项目可实行告知承诺制，需提供承诺书；
⑥ 城市基础设施配套费缴纳说明及缴费单据。
（3）办理流程：建设工程网上办事大厅提交电子版资料——审查合格后发布许可前公告，公示期为 7 个工作日——第三方规划院对建设工程设计方案进行审核——修改相关设计方案以满足要求，并按照经审核的申请表确定的面积缴纳基础设施配套费——出证——项目实施前需要在现场进行建设项目批后公示（长期有效）。
（4）办理时间：资料齐全当天受理，基本资料审核合格后进行批前公示，公示期为 7 个工作日，公示期结束后进行规划审核，修改及完善设计方案，预计 15 个工作日，总计 25～30 个工作日。
（5）注意事项：相关设计方案应严格满足修建性详细规划，建筑面积、建筑高度等指标进行设计；建筑主要形式及主要材料外观风格已经规划审核后不得变更；此过程中工程建设审批科室出具正式版人防设计任务书，填写规划许可证，确认表中人防相关信息；基础设施配套费参照相关规定执行，其中政府投资公共建筑不需要缴纳城市基础设施综合配套费，如满足减免条件需建设单位提交相关情况说明，批前公示及批后公示需要在项目现场制作宣传海报，此费用由建设单位支付。

4.2.19　勘察及施工图设计审查

（1）主管部门：××市住房和城乡建设局勘察设计科。
（2）提供材料：
① 建设工程施工图设计文件送审委托书；

② 全套施工图设计文件（包括消防、人防等"楼体图纸"及室外管线图纸在内的施工图设计文件）；

③ 建设工程规划许可证（含附图及附件）；

④ 勘察设计单位质量终身负责制承诺书。

（3）办理流程：建设单位准备相关材料进行网上申报——勘察、设计单位办同报审，在图审系统中上传图纸——市住房和城乡建设局勘察设计科受理并分配图审机构——依据图审专家意见修改图纸——图纸修改合格后缴纳图审费用，签发图审合格证。

（4）办理时间：资料齐全当天受理，图审初审、复审预计 10～15 个工作日，缴纳图审费后出证，预计共 20 个工作日。

（5）完成成果：工程地质勘察报告审查合格证、施工图审查合格证、人防设计审查合格证、消防设计审查合格证。

（6）注意事项：图审主体部分不需要缴纳图审费；报审阶段主体为建设单位及设计单位，需及时沟通图审机构反馈意见，督促设计单位修改图纸；图审合格证由建设单位在图审系统中下载电子版。

4.2.20　消防设计审查（多图联审阶段）

（1）主管部门：××市行政审批局工程建设审批科室。

（2）提供材料：施工许可阶段消防设计审查申请表、消防设计文件。

（3）办理流程：建设单位准备施工图审查材料进行网上申报——联系工程建设审批科室网上审核消防设计审查申请表并盖章——图审机构进行相关审查——依据图审专家意见修改图纸——图纸修改合格后缴纳图审费用，签发图审合格证。

（4）办理时间：同勘察设计、施工图审查时限。

（5）完成成果：建设工程消防设计审查意见书。

（6）注意事项：需根据项目情况确定是否属于特殊建设工程消防设计，具体分类参见特殊建设工程消防设计审查申请表中分类；特殊建设工程需要进行消防设计审查，一般工程仅需进行备案。

4.2.21　建设工程文物保护许可

（1）主管部门：××区文化和旅游局。

（2）提供材料：建设单位申请书、地方文物行政部门意见、勘测定界图、考古调查委托书、项目总平面图、现场踏勘情况、工程文物保护方案。

（3）办理流程：向区级文化和旅游局提交文物覆盖申请——委托具有考古勘探资质的第三方机构进行现场文物勘探——由第三方机构出具项目文物勘探报告。

（4）办理时间：建设单位提请文物覆盖申请当日受理，准备基础性资料 3 个工作日，现场文物勘探根据项目现场情况 10～15 个工作日，编制文物勘探报告 7 个工作日，总计 20～25 个工作日。

（5）注意事项：需要进行考古调查勘探的项目有以下几种情况。

① 位于地下文物保护区；

② 位于历史文化名城范围内；

③ 建设项目总用地面积 20000m² 以上；
④ 法律法规和规章规定的其他情况。

4.2.22 生产建设项目水土保持方案审批

(1) 主管部门：市行政审批局。

(2) 提供材料：

① 建设单位请求审批水土保持方案的书面申请（实行承诺制管理的项目，申请书含承诺内容）。

② 生产建设项目水土保持方案（实行承诺制管理的项目，同时提供专家签署的同意意见）。

(3) 办理流程：向市行政审批局提交申请——委托具有相关资质的第三方机构进行现场勘探并出具水土保持方案——第三方机构组织专家评审水土保持方案——水土保持方案评审合格后，行政审批局签发批复文件。

(4) 办理时间：建设单位提请申请当日受理，准备基础性资料3个工作日，现场勘探根据项目现场情况2个工作日，编制水土保持方案并通过专家评审7个工作日，总计约15个工作日。

(5) 完成成果：关于××××项目水土保持方案的批复。

(6) 注意事项：办理依据为《中华人民共和国水土保持法》《山东省水土保持条例》。

4.2.23 取水许可申请（水资源论证阶段）

(1) 主管部门：××市行政审批局。

(2) 提供材料：

① 取水许可申请书；

② 对取水许可申请有利害关系的第三者承诺书或者其他文件；

③ 取水许可水资源论证报告；

④ 取水与第三者利害关系说明；

⑤ 取水许可申请项目备案证明。

(3) 办理流程：向市行政审批局提交申请——委托具有相关资质的第三方机构编制取水许可水资源论证报告——投资项目审批科人员审查（现场勘查、组织评审）——决定批准并制证发证。

(4) 办理时间：建设单位提请申请当日受理，准备基础性资料3个工作日，编制取水许可水资源论证报告7个工作日，现场勘探、组织评审7个工作日，总计约20个工作日。

(5) 完成成果：行政许可文书——取水许可申请（水资源论证阶段）。

(6) 注意事项：办理依据为《中华人民共和国水法》《取水许可和水资源费征收管理条例》《山东省水资源条例》。

4.2.24 建筑工程施工许可证核发

(1) 主管部门：××区行政审批局工程科。

(2) 提供材料：

① 建筑工程施工许可证申请表；

② 施工条件、资金落实承诺书；

③ 土地使用权证明文件（部门自查）；

④ 依法应当招标的工程，提供中标通知书（受理人员内部调用）和施工图；

⑤ 直接发包的工程，建设单位提供施工合同；

⑥ 监理单位项目负责人安全生产责任承诺书；

⑦ 监理单位法定代表人安全生产责任承诺书；

⑧ 施工单位项目负责人安全生产责任承诺书；

⑨ 施工单位法定代表人安全生产责任承诺书；

⑩ 建设单位项目负责人安全生产责任承诺书；

⑪ 建设单位法定代表人安全生产责任承诺书；

⑫ 项目负责人工程质量终身责任承诺书；

⑬ 建筑工程项目负责人/法定代表人授权书。

(3) 办理流程：资料齐全提交申请→受理→审查→许可发证。

(4) 办理时间：准备相关资料7~10个工作日，建设单位提请申请当日受理，审查2~3个工作日，许可1个工作日。法定时限20个工作日。

(5) 完成成果：建设工程施工许可证。

(6) 注意事项：

① 依法应当办理用地手续的项目，办理此证前完成该建筑工程用地手续。

② 办理此证前，项目应已经取得建设工程规划许可证或乡村建设规划许可证。

③ 房屋建筑工程已办理规划许可证或乡村建设规划许可证的，在房屋建筑规划红线内与其配套的线路管道等工程可不再提供建设工程规划许可证或乡村建设规划许可证。

④ 办理此证前，项目应已经确定施工企业。依法应当招标的工程没有招标，应当公开招标的工程没有公开招标，或者肢解发包工程，以及将工程发包给不具备相应资质条件企业的，所确定的施工企业无效。

⑤ 依法应当招标的工程，建设单位提供中标通知书和施工合同；直接发包的工程，建设单位提供直接发包批准手续和施工合同。

⑥ 施工场地已经基本具备施工条件，需要征收房屋的，其进度符合施工要求。

⑦ 建设单位应提供具备施工条件承诺书。

⑧ 技术资料满足施工需要，施工图设计文件已经施工图审查机构按规定审查合格。

⑨ 有保证工程质量和安全的具体措施。

⑩ 工程项目建设、勘察、设计、施工、监理企业的法定代表人已经签订项目质量责任授权书，项目负责人已签订工程质量安全责任承诺书；施工企业编制的施工组织设计中有根据建筑工程特点制定的相应质量、安全技术措施。

⑪ 专业性较强的工程项目编制了专项质量、安全施工组织设计。

⑫ 建设单位按照工程质量、施工安全监督的相关规定提供资料。

⑬ 建设资金已经落实。
⑭ 建设单位应当提交建设资金落实承诺书。
⑮ 法律法规、规章规定的其他条件。

4.2.25　项目联合验收

包含人防工程竣工验收备案、建设工程档案验收、特殊建设工程消防验收。
(1) 主管部门：××市住房和城乡建设局。
(2) 提供材料：
① 房屋市政工程竣工验收备案（含人防、档案、消防）申请表；
② 工程竣工验收报告（包含消防查验报告）；
③ 施工单位签署的工程质量保修书；
④ 规划部门出具的认可文件或者准许使用文件；
⑤ 住宅工程应当提交《住宅质量保证书》和《住宅使用说明书》；
⑥ 联合测绘"多测合一"测量成果（含规划竣工测量成果、人防竣工测量成果、地形及地下管线竣工测量成果）；
⑦ 人防工程维护管理和安全使用承诺书；
⑧ 人防工程质量监督报告；
⑨ 建设工程档案验收意见书；
⑩ 建设工程档案验收承诺书；
⑪ 涉及消防的建设工程竣工图纸。
(3) 办理流程：材料齐全且符合法定形式，由建设单位提交申请——市住房和城乡建设局审查相关资料——对申报资料进行批准——颁发证书。
(4) 办理时间：准备基础性资料15个工作日，建设单位提请申请当日受理，审核批准及颁发证书2个工作日，总计约20个工作日。
(5) 完成成果：建设工程竣工验收备案证书。
(6) 注意事项：市直单位工程竣工验收后，监督档案归档及规划核实、消防验收手续办理完毕后，由建设单位负责工程建设的专业人员或了解工程建设程序的相关人员进行办理，不能委派施工或监理单位人员办理手续。

4.2.26　建设工程竣工规划核实（政府投资建筑）

(1) 主管部门：××市自然资源和规划局。
(2) 提供材料：
① 验收申报表——竣工验收阶段；
②《建设工程竣工规划勘验测绘报告》；
③ 城市规划设计院经济技术指标核算报告书及技术审查结论；
④ 开工通知单、验线确认书、建设工程批后管理跟踪表；
⑤ 建设工程单体立面及屋面多角度实景照片；
⑥ 绿化部门的验收处理意见（需要时补充提供）。
(3) 办理流程：材料齐全且符合法定形式，由建设单位提交申请——××市自然资

源和规划局审核材料,现场核实——进行行政确认——颁发合格证。

(4) 办理时间:准备基础性资料 7 个工作日,建设单位提请申请当日受理,审核批准及颁发证书 2 个工作日,总计约 10 个工作日。

(5) 完成成果:建设工程竣工规划核实合格证(政府投资建筑)。

综上,建设项目的审批需经过多个部门和环节。整个审批流程坚持建设项目管理的规范化、科学化和民主化,确保项目的合法性、合理性和可行性,同时也要充分保护公众利益和环境安全。通过这样的流程,可以确保建设项目在促进经济发展的同时,也能够遵守相关的法律法规,减少对环境和社会的影响。建筑师在建设项目的各个审批环节中扮演着重要的角色,从项目策划、可行性研究、项目选址和指标测算、规划和设计方案审批到施工图审查、竣工验收等环节的工作是环环相扣、紧密联系的,既要保证项目的合规性和合法性,也要确保工程质量和美观,同时还要兼顾经济和功能的合理性。坚持安全、实用、经济、美观的设计原则,必要的情况下需要在某些特别的问题和技术方面参与各管理部门的沟通协调,以便于项目的顺利推进。

[课后思考与练习]

1. 某宠物食品生产企业预在原有厂区基础上,征用其南侧的建设用地扩建厂区,请问此建设项目的立项、选址、土地利用和建筑设计,需要得到哪几个部门的审批?

2. 建设项目的竣工手续如何办理?需要提交哪些手续?

5 国家发展战略目标下的挑战与机遇

建筑师在当前国家发展战略中扮演着重要角色，尤其在实现"双碳"目标、推进乡村振兴等方面，他们需要关注社会、经济、环境等多方面的挑战和机遇，不断革新自己的设计理念和技能，为国家的可持续发展贡献力量。本章从"双碳"目标和乡村振兴战略等层面，详细分析建筑师未来将要面临的挑战和机遇，以及建筑行业的发展趋势。

5.1 我国的"双碳"目标

2020年，中国基于推动实现可持续发展的内在要求和构建人类命运共同体的责任担当，宣布了碳达峰碳中和的目标愿景。我国作出碳达峰碳中和的承诺，是立足于能源产业发展国情，积极应对国内外挑战的必然选择，也是我国为实现绿色低碳发展提出的重要战略，展示出中国对全球气候变化问题的决心和责任。

为实现我国"双碳"目标，国家从顶层设计、政策创新、技术创新、可持续发展等多个层面对碳达峰碳中和作出了多项重大决策和战略部署，体现了中国作为负责任大国的国际形象，以及对内促进绿色转型的决心。这些决策是在充分考虑中国国情、经济发展阶段和生态文明建设基础上作出的，旨在推动经济社会发展全面绿色转型，促进人与自然和谐共生。这些决策部署的实施，将对中国乃至全球的气候治理和可持续发展产生深远影响。

5.1.1 "双碳"目标相关概念

① 碳达峰：指在某一个时点，二氧化碳的排放达到峰值（历史最高值），随后逐步回落。

② 碳中和：指在一定时间内，通过减少二氧化碳排放、增加二氧化碳吸收等措施，实现二氧化碳排放量与吸收量之间的平衡，达到净零排放。指通过植树造林、节能减排等形式、抵消自身产生的二氧化碳或温室气体排放量，实现正负抵消，达到相对"零排放"。

③ 温室效应：温室效应是指地球大气层中的温室气体吸收和辐射地球表面散发的热量，使地球气温上升的现象。

④ 温室气体：温室气体是指能够导致温室效应的气体，如二氧化碳、甲烷等。温室气体排放是导致全球气候变暖的主要原因。

⑤ 碳汇：森林、湿地等生态系统具有碳汇功能，通过吸收和储存二氧化碳，降低大气中温室气体浓度。在建筑设计中，注重生态景观规划，提高碳汇能力，有助于实现"双碳"目标。

⑥ 碳管理：化工、交通、建筑等各行业需要进行碳排放核算和评估，以了解项

目碳排放水平，从而采取相应措施降低碳排放。碳管理是实现"双碳"目标的基础工作。

⑦ 碳排放核算与评估：在工程项目环评中开展碳排放核算和评估，为建筑设计提供依据，引导行业绿色低碳发展。

5.1.2 "双碳"目标的提出背景

5.1.2.1 国内背景

（1）全球最大的能源消费国

党的十八大以来，我国能源消费总量过快增长势头得到有效控制，能源消费结构调整取得历史性进展，这是对于过去而言的。自改革开放以来，特别是2000年以来，我国经济发展较快，能源消费的增长也较快。过去，我们是粗放式的能源生产方式，再加上没有能源消费的"天花板"，所以能源消费是敞口式的，造成了能源消费增长较快的局面。也就是说，在经济社会发展取得了举世瞩目成绩的同时，我们的能源消费增加量也是非常突出的。

从能源消费结构来讲，我国仍然是世界上最大的能源消费国。过去，我们的能源消费结构长期以煤为主，尤其是在2000年到2015年。党的十八大以来，我们加大力度调整能源消费结构，煤炭消费占比于2019年首次降到60%以下，同时清洁能源和相对效率较高的石油、天然气的占比有所增加。这一重大历史性变化，改变了我们过去长期能源消费结构调整困难的局面，也是中央把调整能源结构作为支撑我国生态文明建设主要抓手的具体成果。尽管我们在能源消费结构调整上取得了重大成效，但我国能源消费结构与能源经济现代化水平较高的发达国家相比差距依然很大。发达国家以油气消费为主，同时清洁能源消费占比也相对较高。按照现代化的水平、绿色低碳的要求，我国能源消费结构调整仍然有很长的路要走。

由于能源消费结构发生了巨大变化，工业、交通、建筑等重点实体经济部门的能源消费结构得到优化，电力的消费占比有了较大幅度的提升，天然气的消费占比也有所提升。在过去一段时间内，工业、交通、建筑等重点实体经济部门的发展速度是相对较快的，所以相应的能源消费结构发生的较大变化也是来之不易的。

（2）全球最大的能源生产国

我国能源消耗占比较大的是自产能源，少部分是进口的。随着我国经济的快速发展，能源生产量不断增加，而且我国生产能源的最大特征是化石能源产量巨大。以电力生产为例，我国发电水平较高、发电量大，在很长时期内，火电是电力供应的主要来源，电力生产以燃煤发电为主，煤炭燃烧产生了大量的二氧化碳等温室气体，可见我国电能的清洁化程度和低碳化程度是相对较低的。

过度依赖传统高碳能源生产不利于中国的可持续发展。如何促使我国加快能源转型，减少对高碳能源的依赖，加大对可再生能源等低碳能源的开发和利用，以实现经济的绿色、可持续发展是亟待解决的问题。

（3）全球最大的能源进口国

随着经济的发展和能源需求的不断增加，对能源的依赖程度愈发加深。尽管我国在可再生能源领域取得了一定的发展，但能源需求巨大，自身可再生能源的产量仍无法满足全部需求，需要从国外进口部分能源来保障能源供应的稳定性。例如，我国的石油、天然气等能源进口量逐年增加，这既反映了我国经济发展对能源的需求，也显示出了我国在能源转型过程中面临的挑战。

5.1.2.2　国际背景

（1）新一轮能源革命高潮正在兴起

新一轮能源革命是和新一轮工业革命相辅相成的。新一轮能源革命以新能源技术与信息技术的融合为主要标志，其特征是高效化、清洁化、低碳化、智能化。新一轮能源革命发生以来，很多颠覆性的技术成果出现，比如加速全球能源革命和能源技术创新的页岩气、页岩油开采技术，改变大的经济体能源发展方向的风能、太阳能等可再生能源发电技术，推动全球能源供应一体化进程的大电网技术，等等。

在这一时期，推动全球能源绿色低碳转型的基本框架已经形成。现在，越来越多的经济体坚持走绿色低碳发展道路，不断减少对化石能源的依赖，大力推动清洁可持续能源供应体系形成。《巴黎协定》的签订和生效，表明全球对绿色低碳转型达成了广泛的共识，许多国家宣布在21世纪中叶前后实现碳中和。G20、APEC等框架下的全球能源治理改革，也在推动全球能源转型和落实《巴黎协定》。

（2）全球应对气候变化进程明显加快

近年来，全球气候变暖趋势明显，极端气候事件频发，严重威胁人类生存和发展。减少温室气体排放，应对气候变化成为全球共同挑战。而气候问题与经济、贸易、投资等相互交织。虽然有些做法或趋势有一定的不公平性，但是在迫切需要应对气候变化的背景下，还是获得了国际社会的一些支持。应对气候变化进程的加快也将深刻影响全球经济、地缘政治、国际外交等方面。

（3）发达国家低碳治理体系不断完善

从总量、结构、能效上看，发达国家不断制定深度减碳长期目标，同时把节能提效、发展可再生能源等目标不断具体化，加快完善碳交易机制、经济激励机制，比如欧盟提出要做气候变化的引领者，以低碳促转型，重振欧洲经济的同时开展气候行动等。

（4）全球能源行业呈现出前所未有的新发展趋势

从全球能源行业来看，由于全球能源革命、能源绿色低碳转型的基本框架以及大的经济体的推动，全球能源行业出现了一系列新的发展趋势：一是发达国家去煤减煤加速，发展中国家开始控煤；二是全球油气供过于求加剧，国际油气巨头加速向新能源转型；三是可再生能源进入平价时代，加速发展，对传统能源的替代也越来越快；四是全球电气化、电力行业低碳化"双加速"。

我国作出碳达峰碳中和的承诺，符合全球能源发展的趋势，符合全球应对气候变化的趋势，是驱动我国能源发展面向远景目标、面向未来发展的必然选择。我们只有作出这样的承诺，并按照这样的目标来发展，才能适应世界大势，使我国在全球能源绿色低碳转型的大潮之中成为积极参与者。

5.1.3 建筑行业在实现"双碳"目标方面的贡献

建筑行业在实现我国"双碳"目标过程中有义务和责任采取多种举措，包括但不限于以下方面。

① 推广绿色建筑：鼓励设计和建造节能、环保的绿色建筑，通过《绿色建筑行动方案》和《绿色建筑评价标准》等政策文件，推动建筑行业向低碳发展转型。

② 优化建筑设计：采用被动式设计原则，减少对能源的依赖，提高建筑的自然通风、采光和保温性能。

③ 使用低碳建材：开发和使用低碳、环保的建筑材料，减少建材生产运输过程中的碳排放。

④ 提高能效：在建筑运行阶段，通过智能化管理系统和节能设备，提高能源使用效率，减少能源消耗。

⑤ 建筑全生命周期管理：从建材生产、建筑施工、建筑运行到建筑拆除处置的全生命周期进行碳排放管理，确保每个阶段都尽可能减少碳排放。

⑥ 创新建造方式：采用预制建筑等新型建造方式，减少现场施工过程中的能耗和废弃物排放。

⑦ 开发可再生能源：在建筑中集成太阳能、风能等可再生能源系统，减少对传统化石能源的依赖。

⑧ 公众参与和意识提升：提高公众对节能减排的意识，鼓励民众参与到绿色建筑和节能减排的实践中。

⑨ 技术创新和研发：鼓励技术创新和研发，开发新技术、新材料、新工艺，以更高效、更环保的方式建设和运营建筑。

⑩ 跨行业合作：建筑行业应与能源、交通、工业等其他行业合作，共同推动整个社会的低碳发展。

⑪ 国际合作：学习和引进国际先进的低碳建筑理念和技术，加强与其他国家在建筑节能减排方面的交流与合作。

通过这些综合措施的实施，建筑行业可以有效地减少碳排放，为实现碳达峰碳中和作出积极贡献。

5.1.4 "双碳"目标对建筑行业和建筑师的影响

对于建筑行业和建筑设计师来说，"双碳"目标将产生深远影响。

5.1.4.1 "双碳"目标对建筑行业的影响

（1）"双碳"目标将对建筑行业带来转型压力。建筑行业是碳排放的重要来源，约占我国碳排放总量的三分之一。因此，实现"双碳"目标，建筑行业的低碳转型至关重要。这其中包括但不限于推广绿色建筑、节能降耗、采用低碳建筑材料、提高建筑能效等方面。

（2）"双碳"目标为建筑行业带来了新的发展机遇。随着新能源技术的不断发展，太阳能、风能等可再生能源在建筑领域的应用将得到进一步推广。此外，数字化、智能

5.1.4.2 "双碳"目标对建筑师的影响

对于建筑设计师来说,"双碳"目标意味着他们需要重新审视和调整设计理念和方法。他们将需要更多地考虑建筑的低碳、节能、环保特性,以及在设计中融入可再生能源和数字化技术。这将不仅有助于实现"双碳"目标,也有助于提高建筑的可持续性和舒适性。

此外,"双碳"目标还将推动建筑行业政策和法规的调整,如推行更严格的建筑节能标准,对碳排放进行限制等。建筑设计师需要密切关注这些政策变化,以便及时调整设计策略。

总的来说,"双碳"目标对建筑行业和建筑设计师来说,既是挑战,也是机遇。建筑设计师需要不断学习和更新知识,以适应这一变革。同时,他们也需要积极参与到建筑行业的低碳转型中,为我国实现"双碳"目标贡献力量。

5.2 我国乡村振兴发展战略

5.2.1 我国乡村振兴发展战略的进程与意义

党的十九大报告首次提出实施乡村振兴战略,目的是解决农村经济发展不平衡、不充分的问题,实现乡村全面振兴,助力全面建设社会主义现代化国家。乡村振兴战略背景是我国农村发展的现实需求,包括农村经济下行压力、农村人口流失、农村生态环境恶化、农村文化凋敝等多方面问题。

我国乡村振兴战略的主题是高质量发展,主要包括产业振兴、人才振兴、文化振兴、生态振兴和组织振兴五个方面。产业振兴是乡村振兴的基础,旨在发展现代农业,提高农业综合产能;人才振兴是关键,旨在引进和培养农村人才,提高农村劳动力素质;文化振兴是灵魂,旨在传承和发展农村文化,提升农村精神文明程度;生态振兴是保障,旨在改善农村生态环境,实现可持续发展;组织振兴是手段,旨在完善农村基层治理体系,提高农村治理能力。

乡村振兴战略自提出以来,我国政府逐步明确了乡村振兴战略的目标、任务和政策措施。2018年,中共中央、国务院印发的《乡村振兴战略规划(2018—2022年)》,明确了乡村振兴的路线图和时间表。2019年,中央一号文件聚焦乡村振兴战略,提出了一系列具体措施。此后,各部门和地方相继出台配套政策,各地积极推进产业、人才、文化、生态和组织振兴,推动乡村振兴战略逐步实施。在政策推动下,农业产业结构不断优化,农村基础设施建设逐步完善,农村人口回流现象逐渐显现,农村生态环境得到改善,农村文化得到传承和发展。然而,乡村振兴仍面临一定的困难和挑战,如城乡发展差距较大,农村人才流失严重,农村基础设施和公共服务水平仍有待提高等。

乡村振兴战略对我国具有重要意义。首先,乡村振兴战略有利于推动农村经济高质量发展,实现全面建设社会主义现代化国家的目标。其次,乡村振兴战略有助于缩小城乡差距,促进社会公平正义。此外,乡村振兴战略有利于保护农村生态环境,保障国家粮食安全，提高农民生活水平。最后，乡村振兴战略有助于传承和发展农村文化，弘扬农耕文明，增强民族凝聚力。总之，乡村振兴战略对我国农村发展具有重要战略意义，是新时代我国农村发展的关键任务。

5.2.2 乡村振兴的发展阶段

乡村振兴的发展可以分为以下几个阶段。

2018年1月2日，中共中央、国务院发布了《中共中央 国务院关于实施乡村振兴战略的意见》，这是一部为了实施乡村振兴战略而制定的法规。实施乡村振兴战略，是党的十九大作出的重大决策部署，是决胜全面建成小康社会、全面建设社会主义现代化国家的重大历史任务，是新时代"三农"工作的总抓手。

按照党的十九大提出的决胜全面建成小康社会、分两个阶段实现第二个百年奋斗目标的战略安排，实施乡村振兴战略的目标任务是：到2020年，乡村振兴取得重要进展，制度框架和政策体系基本形成。农业综合生产能力稳步提升，农业供给体系质量明显提高，农村一二三产业融合发展水平进一步提升；农民增收渠道进一步拓宽，城乡居民生活水平差距持续缩小；现行标准下农村贫困人口实现脱贫，贫困县全部摘帽，解决区域性整体贫困；农村基础设施建设深入推进，农村人居环境明显改善，美丽宜居乡村建设扎实推进；城乡基本公共服务均等化水平进一步提高，城乡融合发展体制机制初步建立；农村对人才吸引力逐步增强；农村生态环境明显好转，农业生态服务能力进一步提高；以党组织为核心的农村基层组织建设进一步加强，乡村治理体系进一步完善；党的农村工作领导体制机制进一步健全；各地区各部门推进乡村振兴的思路举措得以确立。到2035年，乡村振兴取得决定性进展，农业农村现代化基本实现。农业结构得到根本性改善，农民就业质量显著提高，相对贫困进一步缓解，共同富裕迈出坚实步伐；城乡基本公共服务均等化基本实现，城乡融合发展体制机制更加完善；乡风文明达到新高度，乡村治理体系更加完善；农村生态环境根本好转，美丽宜居乡村基本实现。到2050年，乡村全面振兴，农业强、农村美、农民富全面实现。

2025年2月23日，中共中央、国务院发布了《中共中央 国务院关于进一步深化农村改革 扎实推进乡村全面振兴的意见》，这是党的十八大以来第十三个指导"三农"工作的中央一号文件。文件提出进一步深化农村改革、扎实推进乡村全面振兴。全文共六个部分，包括：持续增强粮食等重要农产品供给保障能力、持续巩固拓展脱贫攻坚成果、着力壮大县域富民产业、着力推进乡村建设、着力健全乡村治理体系、着力健全要素保障和优化配置体制机制。文件提出，实现中国式现代化，必须加快推进乡村全面振兴。

锚定推进乡村全面振兴、建设农业强国目标，以改革开放和科技创新为动力，巩固和完善农村基本经营制度，深入学习运用"千万工程"经验，确保国家粮食安全，确保不发生规模性返贫致贫，提升乡村产业发展水平、乡村建设水平、乡村治理水平，千方百计推动农业增效益、农村增活力、农民增收入，为推进中国式现代化提供基础支撑。

5.2.3 乡村振兴对建筑业的影响

乡村振兴对建筑行业和建筑设计行业产生了积极的影响，同时也带来了挑战。具体表现在以下几个方面。

（1）需求增加。随着乡村振兴的推进，农村地区的建设需求逐渐增多，包括民居改造、公共设施建设、生态环境修复等。这为建筑行业提供了广阔的市场，促使企业和个人加大对建筑行业的投入。

（2）设计理念变革。乡村振兴项目往往注重生态环境保护、地域特色和文化传承，这要求建筑师在设计过程中充分考虑这些因素。因此，建筑设计行业需要不断创新，提出符合乡村振兴需求的方案。

（3）技术要求提高。乡村振兴项目涉及多种类型的建筑，如民居、公共设施、生态环境修复等，各类项目对建筑技术有不同的要求。建筑师需要具备丰富的专业知识和经验，才能应对这些挑战。

（4）可持续发展。乡村振兴项目强调可持续发展，建筑师在设计过程中需要充分考虑资源利用、能源节约和环境保护等问题，提出绿色、低碳、节能的建筑方案。

（5）适应性设计。乡村建筑往往需要具备一定的多功能性，以满足农村居民的生产生活需求。建筑师需要具备较强的适应性设计能力，使建筑能够灵活应对不同的使用场景。

（6）乡村文化传承。乡村振兴项目中，建筑师需注重地域文化的传承与创新，将乡村特色融入建筑设计中，使之符合现代审美需求的同时，彰显乡村文化底蕴。

（7）社区参与。乡村振兴项目通常涉及村民的参与，建筑师需要与村民沟通，了解他们的需求和期望，以便在设计中充分体现乡村居民的利益和诉求。

5.2.4 国内乡村振兴典型案例

自乡村振兴战略实施以来，我国各地涌现出了一批成功的乡村振兴案例。这些成功案例在产业发展、乡村文明、生态保护、农民增收等方面取得了显著成效，为全国乡村振兴提供了有益借鉴。

浙江桐乡模式：桐乡市以顶层设计为指引，推进智慧农业建设，启动农业经济开发区，促进产业融合。

浙江丽水模式：丽水市在保护原生态村落的基础上，创新乡村振兴合伙人模式，重新定义田园生活。

浙江达人村：位于浙江省宁波市江北区，以乡村为基础，复兴乡村文明，打造一个具有新时代影响力的乡村振兴典范。

浙江鲁家村：位于浙江省安吉县，通过土地流转和产业转型等多项措施，创新实施"公司＋农户"模式，发展休闲农业，打造美丽乡村。

山东中郝峪村：位于山东省淄博市，凭借得天独厚的环境优势，集中打造乡村特色旅游，实施综合发展模式，推进集体产权制度改革，实现资源变资产、现金变股金、村民变股民的转变。

沂蒙山白石村：位于山东临沂，围绕"沂蒙小调"打造沂蒙山小调活态博物馆IP，打造红色革命旅游区，以红色旅游促进乡村产业发展。

陕西袁家村：位于陕西省咸阳市，整合当地资源，构建起由三产带二产促一产，三产融合发展的良性循环体系，发展特色乡村旅游，带动村民增收致富。

四川战旗村：位于成都市郫都区，以现代农业为基础，发展休闲农业和乡村旅游，提升村民生活水平。

四川明月村：位于成都市浦江县，以文化创意产业为引领，发展乡村旅游，促进乡村产业转型升级。

上海吴房村：位于奉贤区青村镇，运用现代物联网、大数据等技术，发展智慧农业，提高农业效益。

5.2.5　建筑师如何做好乡村设计

长久以来，职业设计师的设计与规划工作还没有真正参与到我国广大农村地区。在2008年1月1日《中华人民共和国城乡规划法》施行之前，乡村规划没有引起足够重视，设计师大都以城市设计的经验和理解去进行第一轮的美丽乡村设计。随着乡村振兴战略的推进，建筑师在做好乡村设计方面扮演着至关重要的角色，他们的设计不仅影响着乡村的美观和功能，还关系到当地文化的传承和乡村振兴的可持续发展。针对目前的国家和社会发展趋势和人才需求，建筑师应该做到以下几点。

（1）深入了解当地文化和历史。建筑师在进行乡村设计时，应深入了解当地的历史文化、民俗风情和建筑传统，留住"乡情"。这有助于在设计中融入当地特色，避免千篇一律的城市化设计，并促进文化的传承。

（2）注重生态环境保护。乡村设计应充分考虑生态环境保护，尊重地域特点和原生态系统，采用绿色建筑材料和可持续的设计方法，提高资源利用效率，减少对自然环境的破坏，实现乡村的真正美丽。

（3）考虑社区需求和参与。建筑师应加强村庄调研，积极与当地居民沟通，深入了解他们的需求和期望，鼓励他们参与到设计过程中来。这样的合作可以更好地满足实际需求，并增强居民的归属感和认同感，提高民族自豪感。

（4）注重功能与美学的平衡。乡村设计不仅要考虑建筑和环境的美观，更要注重其功能性和实用性，确保设计既能提升生活质量，又能适应乡村的实用需求。

（5）创新与传统相结合。在设计中融入创新元素的同时，也要尊重和传承传统建筑风格和空间肌理。新旧结合可以创造既具有现代感又富有传统韵味的乡村环境和建筑。

（6）促进乡村经济发展。建筑师应该深入了解乡村产业，了解"三农"现状，转变思维，力争通过设计促进产业发展，比如文旅融合、农旅融合、农耕研学、民俗文化综合体等产业模式，促进乡村经济的发展。可以通过设计特色民宿、文化中心、村史馆、红色教育基地等，为当地居民创造就业机会。

（7）关注细节和质感。乡村设计应注重细节和质感，通过精心挑选的材料和装饰，打造安全、经济、温馨、舒适的乡村环境。

（8）考虑长远维护。在设计过程中要考虑到建筑和环境的长期维护和保养，确保植被的成活率和景观效果，让设计既能持久耐用又能方便维护，实现低成本运行。

5.2.6　乡村建设和乡村设计的发展趋势

随着国家乡村振兴战略的推进，乡村建设和乡村设计呈现出新的发展趋势，主要体现在以下几个方面。

（1）产业多样化。随着经济社会的发展，农业在乡村经济中的比重逐渐下降，非农产业如工业、服务业等在乡村地区的比重不断上升，乡村产业结构趋向多元化。

（2）产业融合化。现代产业发展趋势中，产业融合成为重要特征。乡村产业融合不仅包括农业产业链的延长，还涉及农业与第二、第三产业的横向融合，以及乡村产业间的深度融合。

（3）产业集群化。世界产业发展趋势显示，产业集群化是一个重要特征。中国乡村产业集群化正在加速，许多乡村依托自身优势，形成了特色产业群落。

（4）产业生态化。在绿水青山就是金山银山的理念指导下，乡村产业发展越来越注重生态化建设，新建产业需按照生态化要求建设，现有产业进行生态化改造。

（5）产业数字化。数字化是现代乡村产业高质量发展的要求。通过技术装备、设施、管理体系的数字化，推动乡村产业的转型升级。

综上所述，乡村建设的发展趋势在于产业结构的优化升级，产业的融合与集群化，生态化与数字化的深度融合，以及乡村设计的本土化与综合环境提升。那么，建筑师需要提前做好多方面准备，以适应未来的乡村设计。保证设计根植于本土文化，进一步唤醒乡村内在的生命力，保持乡村独有的特色和活力。设计的过程中注重保护和挖掘乡村历史文化的同时，进行适度的更新与发展。同时在尊重原有乡村肌理的前提下，合理进行废旧建筑、空置土地的整治，强化人与场地的互动，进一步做好"三生"空间设计，全面提升乡村居民的幸福感和社会主义国家的优越感，实现乡村振兴战略目标。

当下，随着国家乡村振兴战略进入新的阶段，建设美丽乡村的进程明显加快，显露出我国乡村建设人才严重短缺的现象，当代建筑师及相关设计类毕业生理应尽快转变思想，努力提升自己专业水平和实践能力，加入乡村建设的热潮当中。

总之，乡村振兴为建筑行业和建筑设计行业带来了新的机遇和挑战。建筑师需要不断创新设计理念，提高技术水平，关注可持续发展，才能在乡村振兴项目中发挥重要作用，为乡村发展贡献力量。

5.3　我国城市更新进程

"城市更新"理念的萌芽，可追溯至1958年的荷兰首届世界城市更新大会。20世纪末，城市的蜕变逐渐从单纯的物质环境改造，转向了提高城市的人口承载力。为了满足经济飞速发展背景下的人口流动需求，开始对城市中心区土地进行高效地利用，同时着手清理贫民窟，重建社区，旨在提升城市的整体生活环境。在首次城市更新研讨会上，城市更新被定义为：一切旨在满足市民居住期望，优化出行、购物、娱乐等活动条件，以及改善房屋和环境等生活基础设施的城市建设活动。进入21世纪，彼得·罗伯茨（Peter Roberts）在其著作《城市更新手册》中进一步深化了这一概念，他强调城市更新应以整体的、综合的视角来解决各种城市问题，并致力于实现城市的长远、持续发展。

在我国，深圳作为城市更新领域的先行者，于2009年颁布的《深圳市城市更新办法》中将城市更新界定为：对城市建成区中的旧工业区、旧商业区、旧住宅区、城中村及旧屋村等区域，进行综合整治、功能改变或者拆除重建的活动。这一概念的提出，标志着我国在城市更新领域迈出了坚实的一步，尤其在"双碳"目标背景下，城市更新还承载着实现城市绿色低碳发展的重任，是构建新发展格局的重要一环。由此可见，我国城市更新涉及的工作是多层面的，这给建筑师提出了更高的要求和挑战。

本节主要从老旧小区改造和旧工业区改造更新两方面，讲解城市更新带给建筑师的挑战和机遇。

5.3.1　老旧小区改造

5.3.1.1　老旧小区改造的背景、目的与意义

老旧小区改造是我国城镇化进程中的一项重要工程，更是我国近年来重要的城市建设和民生工程之一，随着城市发展进程和居民生活需求的变化，逐步得到重视和推进。老旧小区改造是城市发展的内在需求，居民生活质量的提升要求，同时也是我国城市更新战略的具体实施，以及对经济和社会发展综合考量的体现。

① 城市发展需求：随着城镇化进程的加快，许多城市原有的老旧小区出现了设施老化、环境陈旧、服务功能不足等问题，这些问题影响了居民的生活质量，因此需要通过改造提升小区的居住环境。

② 居民生活质量提升：随着社会经济的发展和人民生活水平的提高，居民对于居住环境的要求也越来越高，老旧小区改造成为满足居民日益增长的美好生活需要的重要手段。

③ 城市更新战略：城市更新是我国当前城市发展的重要战略之一，老旧小区改造是城市更新的重要组成部分，通过对老旧小区的改造，可以提升城市的整体形象和功能。

④ 政策推动：我国高度重视城市老旧小区改造，通过出台一系列政策措施，鼓励和支持老旧小区改造，以解决城市发展中的遗留问题，提升城市的整体品质。

⑤ 经济和社会效应：老旧小区改造不仅能够改善居民的居住条件，还能够带动相关产业的发展，创造就业机会，提升城市的经济活力和社会和谐度。

2015年以来，我们国家在不同时间发布了一系列关于老旧小区改造的政策文件。住房城乡建设部等部门在城市老旧小区改造方面制定了相关标准和规范，指导和推进改造工作。政策内容涉及改造原则、资金筹措、改造内容、保障措施等多个方面。据不完全统计，中央和地方政府发布的相关政策共有100多条，涉及老旧小区改造的试点城市和小区众多。全国各地按照党中央、国务院的决策部署，积极推进城镇老旧小区改造工作。

老旧小区改造是我国城市更新和现代化建设的重要组成部分，到2023年为止，经历了以下四个发展阶段。

① 启动阶段。早期的小区改造主要集中在基础设施的修补和功能的恢复上，如简单的房屋修缮、道路平整、绿化补种、管线整理等。

② 规划阶段。随着城镇化进程的加快，老旧小区改造开始注重整体规划和设计，强调功能性和美观性的结合，考虑小区与城市环境的协调和可持续发展。

③ 实施阶段。这一阶段的特点是改造项目的全面展开，包括小区内部环境和设施

的全面提升，注重全民参与以及公共服务的优化。

④ 提升阶段。在改造的基础上，逐步向提升居住质量、增强社区服务功能、打造宜居环境的方向发展。综合考虑绿色低碳、全龄友好、交通改善、智能管理、社区文化等多方面因素。

相信随着老旧小区改造工作的持续推进，可以使城镇居住环境得到极大提升，居民生活质量得以明显改善，社区的公共服务功能得到不同程度的增强，安全隐患消除，社会更加和谐稳定。而面向未来的老旧小区改造设计，不单单是为了满足人民日益增长的美好生活需要，也要呈现出能够大力推动城市更新和可持续发展的趋势。

① 综合改造。不再局限于单一的房屋或设施改造，而是实施综合性改造，包括基础设施、生态环境、社会服务等多方面的综合提升。

② 智能化升级。随着科技的发展，老旧小区改造开始引入智能化元素，如智能安防、智能家居、智慧社区等，提升小区的管理和服务水平。

③ 社区参与。改造过程中越来越注重社区居民的参与和意见，推动社区自治，增强居民的获得感和归属感。

④ 绿色生态。强调绿色环保和生态建设，在改造过程中注重提升小区的绿化水平，改善居住环境。

⑤ 文化传承。在保持小区历史文脉和地域特色的基础上进行改造，挖掘和传承小区的文化价值。

⑥ 投资多元化。改造资金来源更加多元化，包括政府投资、社会资本参与、居民自筹等。

⑦ 长效管理。改造后的小区注重建立长效管理机制，确保改造成果能够长期保持。

5.3.1.2　老旧小区改造涉及的相关工作及设计技术

老旧小区改造是一个系统性工程，它不仅涉及广泛的工作范围，包括规划、设计、施工、监理等多个环节，还需要运用一系列建筑技术来实现改造目标。

1. 老旧小区改造的相关工作

（1）前期准备。老旧小区改造首先需要对小区的基本情况进行详细调查，这包括了解社区的结构、建筑面积、居住人数、居民构成、建筑年代、配套设施等情况。这一阶段属于调研阶段，设计团队需要采用多种调研方式方法，真实详尽地拿到第一手数据资料，为后面的改造设计提供依据。常用的调研方法有问卷调研法、访谈法、文献查阅法等，需要提前设计出全面且实用的问卷和调研提纲，到待改造的小区向居民发放问卷或者访谈，了解居民需求。通过查阅设计图纸，真实了解该小区的建设情况，包括原有建筑、结构、设备、管线等基本设计数据，初步判断其安全性和可实现程度。通过文献查阅，了解其社会、人文和历史演变，为下一步设计方案奠定设计思路。

此阶段工作比较烦琐，占用人力和时间精力较多，同时需要多个部门和单位的配合，如办事处、社区居民、物业公司、档案馆、供热、供水、供电、排污等，以确保工作的顺利开展和数据的准确。

（2）设计阶段。需要根据调查得到的数据，结合小区的历史文化背景，根据城市规划条件和建设部门要求，制订出符合实际情况的设计方案和施工图，核算经济技术指标和改造概算，包括道路及交通组织、景观设计、活动场地设计、综合管线、照明、建筑改造方案等。

这一阶段的方案设计要通过专家会审，以确保设计方案的科学性和可行性，要通过技术审查确保施工图的可实施性，必要时需要通过安全鉴定机构进行安全鉴定。

（3）施工阶段。要有专门的部门来统一指挥和协调，确保工程质量和进度。同时，也需要对工程质量和造价进行严格控制，确保改造工程的安全性和经济性。

此阶段初期，要设计周密的施工计划和安全措施，确保施工过程不扰民少扰民。必要情况下聘请专家对施工阶段的安全防护措施进行审查评定。此阶段需要设计单位委派驻场建筑师或工程师，保证施工的顺利进行。

（4）验收阶段。需要有建设、施工、监理、设计等单位共同参与，对工程进行全面的评估，确保改造工程达到预期的效果。

2. 建筑技术

老旧小区改造需要运用到多种技术，包括节能改造、结构加固、立体绿化、设施升级等。其中，节能改造是当前老旧小区改造中的一个重要方面，它包括围护结构的节能改造、可再生能源使用、设备的节能升级等，旨在提高建筑的能源利用效率，减少能源消耗。此外，还要考虑到如何保护和利用历史建筑和遗迹、古树等资源，延续城市的历史文脉。在改善小区绿地率方面，经常需要用到立体绿化技术，以提高老旧小区的绿地率，提高居住环境质量。室外公共场地的设施升级，需要结合预改造小区的人口结构和行为特点，综合考虑老人友好、儿童友好、老幼共融的技术及设施，包括无障碍设计等。

5.3.1.3 老旧小区改造对建筑师的要求

老旧小区的改造是当前城市更新和提升居住环境质量的重要内容，对于建筑师而言，提出了多方面的挑战和要求。

（1）设计与规划挑战

① 复杂性。老旧小区通常存在设计标准不一、配套设施陈旧、空间利用效率低下等问题，建筑师需要对这些复杂情况进行梳理和改造。

② 历史文化保护。在改造过程中，如何在保持小区历史文化特色的同时进行现代化更新，是一大挑战。

③ 功能优化。需针对小区居民的需求，对小区的功能布局进行合理优化，增加适老化的设计元素，如无障碍设施、公共活动空间等。

（2）技术与材料挑战

① 技术升级。老旧小区的改造涉及大量技术和材料的应用，如何选用适合的现代技术和材料，提高建筑的耐用性和安全性，是建筑师需要考虑的。

② 节能减排。在改造中需要注重建筑的节能性能，减少能耗，选用环保材料，符合绿色建筑的标准。

（3）社会与经济挑战

① 资金问题。老旧小区改造资金需求大，如何合理规划和使用资金，如何切实贯

彻"安全、实用、经济、美观"的原则，确保改造的经济性和可行性，是建筑师需要面对的问题。

② 利益协调。在改造过程中，需要协调好政府、市场、居民等各方的利益，取得共识，确保改造工作的顺利进行。

（4）管理与服务挑战

① 社区参与。鼓励社区居民参与改造过程，倾听他们的声音，满足个性化需求。

② 持续管理。改造后的老旧小区需要有持续的管理和维护，建筑师需考虑长期的运营成本和维护成本。

（5）法律与规范挑战

① 法规遵循。在改造过程中，建筑师需严格遵守相关的法律法规，确保改造项目的合法性。

② 标准制定。参与实施和完善老旧小区改造的相关标准，推动行业的健康发展。

综上所述，老旧小区改造不仅是对建筑师专业能力的考验，也是对其社会责任感和历史使命感的一次全面检验。建筑师需要理解国家进行老旧小区改造的意义和目的，需要具备跨学科的知识和技能，以及与各方沟通协调的能力，能够和使用者共情，才能胜任这一挑战。

总的来说，老旧小区改造是一项复杂而细致的工作，它需要多部门协作，运用多种建筑技术，以实现提升居住环境和提高居民生活质量的目标。

5.3.2 旧工业区改造和更新

旧工业区的改造和更新是城市发展过程中常见的现象，也是城市更新战略的重要组成部分。随着经济结构的调整和城镇化进程的加快，旧工业区往往面临着荒废的命运。因此，对这些区域进行改造和再利用，已经成为推动城市可持续发展的关键课题。

5.3.2.1 旧工业区改造的背景、目的与意义

旧工业区改造是指对城市中已经废弃或部分废弃的工业用地和建筑物进行重新规划、设计和利用的过程。这一现象在全球范围内普遍存在，尤其是在经济发展迅速、城市化进程加快的中国。

随着经济的发展和市场需求的变化，原有的工业区可能因产业升级、环保要求等因素而需要大的布局调整。城市的发展需要拓展空间、改善城市面貌、提升城市功能，也需要增加土地面积和土地利用率。旧工业区往往是位于城市中心或黄金地段的宝贵土地资源，并且可能存在环境污染的问题，种种原因需要对旧工业区进行改造和更新。

通过改造，可以将旧工业区转变为更具商业价值或社会价值的土地用途，提升土地使用效率；可以美化城市景观，提升城市形象，改善居民生活环境；改造后的园区可以引入新的产业形态，促进地区经济发展，增加就业，还可以提供更多的公共设施和服务，增进社会福祉。

综上所述，旧工业区的改造对于城市的发展具有多方面的积极意义，是一个复杂而重要的城市更新过程。

5.3.2.2 旧工业区改造涉及的相关工作及设计技术

旧工业区的改造是一个复杂的过程，涉及以下多个方面的工作和技术。

(1) 规划和设计。在旧工业区改造项目中，首先要进行的是详细的规划和设计工作。这包括对现有建筑和设施的评估，确定改造的范围和目标，以及如何最好地利用现有的空间和结构。设计师需要考虑如何将新的功能和设施融入到现有的工业环境中，同时保留建筑的历史和文化价值。

(2) 结构和安全。在改造过程中，确保建筑的结构安全和稳定是非常重要的。这可能需要对现有结构进行加固或修复，以满足新的使用需求和安全标准。结构工程师将在这方面发挥关键作用，他们将对建筑的结构进行全面评估，并提出必要的改进措施。

(3) 能源和环境。旧工业区的改造项目应致力于提高能源效率和环境可持续性。这可能包括安装新的能源系统，如太阳能板或地热能系统，以及改进废物管理和水资源利用。设计师需要考虑如何最大化利用可再生能源，并减少对环境的影响。

(4) 室内设计。室内设计是旧工业区改造的重要组成部分，它涉及对内部空间的精细化设计。这包括墙面、地面和天花板的改造，家具的选择和布局，以及照明和通风系统的改进。设计师需要考虑如何创造一个既实用又具有吸引力的工作环境，以满足使用者的需求。

(5) 文化和历史保护。在旧工业区改造项目中，保护和展示建筑的历史和文化特色也是非常重要的。这可能涉及对历史建筑的修复和保护，以及展示建筑的历史和文化遗产，设计师需要找到一种平衡。

总体来说，旧工业区的改造涉及多个方面的工作和技术，包括规划、设计、结构安全、能源环境、室内设计和历史文化保护等。这些工作和技术需要综合考虑，以确保改造项目既能满足现代使用需求，又能保护和展示建筑的历史和文化价值。

5.3.2.3 旧工业区改造对建筑师的要求

旧工业区改造项目对建筑师的要求较为全面，建筑师应具备如下素质和能力。

(1) 深厚的历史和文化素养。建筑师需要对旧工业区域的历史背景、文化特色和建筑风格有深入的了解，使得新旧元素和谐共存。

(2) 创新思维和设计能力。在旧工业区改造项目中，建筑师需要具备创新思维，敢于尝试新的设计理念和方法。如何将新的功能和设施融入到现有的工业环境中，同时保留建筑的历史和文化价值，是建筑师需要解决的关键问题。

(3) 结构工程知识。旧工业建筑的改造往往涉及结构安全和稳定的问题，建筑师需要具备一定的结构工程知识，以确保建筑的可靠性和安全性。

(4) 环保和可持续发展理念。在旧工业区改造项目中，建筑师应注重环保和可持续发展，尽可能利用可再生能源，减少对环境的影响。这要求建筑师具备环保意识和可持续发展理念，能够在设计中融入绿色建筑和可持续设计的方法。

(5) 项目管理和协调能力。旧工业区改造项目涉及多个专业领域，改造成果得以实现，需要设计、施工、监理等各部门的配合，建筑师需要具备良好的项目管理和协调能力，还需要熟悉一定的施工及管理规程，以便与结构工程师、设备工程师、室内设计师等团队成员保持良好的沟通与合作，确保项目的顺利进行。

（6）敏锐的市场和用户需求洞察力。建筑师需要关注市场动态和用户需求，以便确定科学的设计理念，准确把握项目目标和要求，在设计中满足使用者的需求，创造出既实用又具有吸引力和生命力的设计方案。

综上所述，相对于其他建设项目，旧工业区改造项目更具有复杂性和挑战性，提供了发挥创意、实现创新和推动社会进步平台，同时也要求建筑师具备高度的责任心、专业技能和社会责任感，需要在历史、文化、创新、结构、环保、项目管理等多个方面具备丰富的知识和能力。通过精心规划和设计，这些项目不仅能够提升城市空间质量，还能为城市的长远发展奠定坚实基础。

5.3.2.4 旧工业区改造典型案例

（1）福州市马尾船政书局

船政书局位于福建省福州市马尾区船政文化广场内，原建筑为当地船厂的仓库。它的设计，以"造船"回顾历史，以"营书"望向未来——通过抽象而现代的语言，在室内构建起船舶；同时也以图书馆式的服务与体验，探索文化传播的新模式。作为该区域文化精神的聚合点，它汇集了船政文化的宣传、教育以及学术研究等多种功能。

（2）成都 1979 厂房改造精品酒店

项目位于成都市大邑县雾山乡的深山中，是改革开放初期三线建设遗留的厂房。为满足业主方诉求，建筑师将其改造为一座精品酒店。改造后的酒店有 21 间客房，建筑面积 3000m^2，包括全日餐厅、咖啡厅、酒吧、多功能厅、会议室、棋牌室、露天温泉、景观泳池等配套娱乐设施。

（3）北京首钢改造更新

首钢六工汇项目的设计负责人、筑景城市更新研究中心主持建筑师薄宏涛先生在 2023 年《当代建筑》年末专访中曾经说过"如果说更新项目的长期性和复杂性是其基本画像的话，也有部分项目呈现出与之完全镜像的一面——急迫性和不确定性（图 5-1）。要么马拉松，要么百米冲刺，要么两者交替变速进行，这种神一般的变速的确对运动员的考验极度严苛，必须做到随时在博尔特和基普乔格间自如切换，只能感叹建筑师都是由特殊材料打造的。"可见，城市更新项目给建筑师的挑战和要求是极大的，建筑师只能在更新领域经历多年的技术和策略积累，并掌握其基本规律，才能应对复杂

图 5-1 北京首钢改造更新

多变的更新项目。作为高校建筑学专业的学生，在大学期间积极利用好每一个专业设计课题，参观学习优秀案例，利用好实习机会增加阅历、扩大知识面，是很必要的。

5.4 建筑师及建筑教育面临的挑战和机遇

5.4.1 建筑师面临的挑战和机遇

当前国际地缘政治紧张局势、贸易摩擦等导致的不确定性频发。全球经济增速放缓，国内经济结构调整，建筑行业的增长速度可能受到影响。我国国内建筑市场逐渐饱和，竞争激烈。政策调整、环保要求和对质量把控的加强，都对建筑师提出了更高的要求，需要建筑师多关注国际市场的变化，思考如何在复杂的国际环境中保持业务的稳定发展。

随着全球经济一体化程度加深，跨国建筑项目逐渐增多，建筑师可以借此机会拓展国际市场，提升国际影响力。尤其是随着国家对基础设施建设和产业发展的支持以及国内新型城镇化进程的推进，基础设施建设、住房改造、城市更新等领域仍有大量需求。目前，低碳、绿色建筑和可持续发展成为全球共识，建筑师需要关注这些领域的发展，关注国家在这些领域的政策导向，关注环保和节能技术在国际国内建筑领域的应用，重视科技创新和产业升级及转型，寻找业务发展机会。当然，在不确定的经济环境下，建筑师需要更加关注项目成本和效益，提高项目管理的精细化水平。

由此，建筑行业面临着从传统建筑向现代化、智能化、绿色建筑的转型，此次转型为建筑师提供了广阔的发展空间。现代建筑、绿色建筑、节能环保、智慧城市等领域的发展，也为建筑师提供了众多创新和实践的机会。建筑师需要不断学习和掌握新技术、新材料、新设计理念，以适应行业变革。相信在政策扶持和市场需求的推动下，建筑行业的发展前景仍然广阔。

综上所述，当前国际形势、国内形势、经济状况和建筑形式给建筑师带来了诸多挑战和机遇。对外面临着国际化挑战，对内面临着中国城镇化和老龄化的压力，市场竞争更加激烈，对建筑师综合能力的要求更高。建筑师需要关注这些挑战和机遇，不断提升自身能力，获得更多的社会认同，从而寻求业务发展的新机遇。

5.4.2 建筑教育新课题和当代建筑专业学生的学习方向

面对快速发展的时代，国家对应用型高素质人才的需求不断提高，未来建筑师将面临更加激烈的人才竞争、市场竞争。从国家政策层面看，随着建筑设计行业的快速发展和"雄安新区试点建筑师负责制"的提出，建筑师成为了一个更广泛的职业概念，建筑师的权利和责任更加重大，要面对变化的未来和多元化的需求。教育部于2022年印发的《加强碳达峰碳中和高等教育人才培养体系建设工作方案》，要求针对能源、交通、建筑等重点领域，在国内有条件的综合高校和行业高校中，启动一批专业、课程、教材、教学方法等综合改革试点项目，种种迹象显示建筑行业对建筑师的综合能力要求日益提高，这些要求和变化对建筑人才的教育提出了新的课题和挑战。

我国的建筑学专业教学需要在重视方案设计能力培养和专业基础知识讲授的同时，

应加强综合实践能力和职业素养方面的教育，引导学生构建全面的职业观，强化其服务意识和社会责任感，提前了解和体验步入工作岗位后将面临的各方面困难，做好职业规划，在时代大潮中保持定力，以保证学生踏入工作岗位之后迅速融入建筑师的职业环境。

作为建筑学和相关专业的当代大学生，应该重视综合能力的培养和提升，不断拓展知识面，提高社会实践能力和行业竞争力，为职业的发展走好职场第一步。

（1）不断完善知识体系，重视建筑师实务学习。了解作为一名成熟的设计师不仅要有深厚的专业基础和丰富的实践经验，还要有深厚的人文素养和良好的学习能力、合作能力、团队管理能力等，以此促进对自身综合能力培养的重视，增强自我提升的动力，不断发掘自身不足，及时补充完善知识体系，如项目运营、产品推介，拓宽视野，提高自身综合能力和核心竞争力，以期在未来的职业生涯中屹立在时代潮头。

（2）增加社会参与，重视实践能力培养。在课程学习中，理论知识的学习与实践操作紧密结合，加强现场调研和观摩，增加实际项目的参与，积极参与社会实践和社区建设，锻炼自身综合能力，提升专业能力和适应行业发展的需求。

（3）做好职业规划，勇于接受挑战，尽快适应社会。尽早习惯从职业建筑师的角度思考自身业务能力的培养训练，了解建筑师在业务工作中应有的责任和权利，从理论上学习如何正确处理建筑管理中的各种问题和矛盾，理解建筑师在建筑设计及管理中不可推卸的统筹领导角色，为进入社会服务做好相应的心理和理论准备。

（4）树立正确的职业观，牢记作为职业建筑师的职业道德规范。不断学习和掌握我国基本建设方针政策、建筑师设计工作原则，强化自身作为建筑师的服务意识和社会责任，能够恪守职业道德准则，树立遵纪守法、依法从业的法治意识，自觉履行对国家、对社会、对业主、对同行的职业责任和义务，从而能够在时代大潮中保持定力。

[课后思考与练习]

1. 结合建筑行业与"双碳"目标的关联，讨论"双碳"背景下建筑师的责任是怎样的。
2. 结合目前我国乡村振兴的进程，讨论建筑师应如何做好乡村设计。
3. 旧工业区的存量现象，给建筑师提出了哪些要求？

附 录

附录1 注册建筑师考试参考书目及典型题型

一、参考书目

注册建筑师考试是评估建筑设计人员专业水平的重要方式,考试内容涉及建筑学科的多个方面,包括建筑设计、建筑结构、建筑设备、建筑法规、建筑制图等。以下是根据历年的考试内容和考试大纲,提供的一些注册建筑师考试的参考书目。

1. 设计前期与场地设计知识

《民用建筑通用规范》(GB 55031)

《城市居住区规划设计标准》(GB 50180)

《城市综合交通体系规划标准》(GB/T 51328)

《建筑与市政工程无障碍通用规范》(GB 55019)

《无障碍设计规范》(GB 50763)

其他有关建筑防火、抗震、防洪、气象、制图标准等规范以及国家规范有关总平面、停车场设计部分的内容。

2. 建筑设计知识

《公共建筑设计原理》《住宅建筑设计原理》《中国建筑史》《外国建筑史》《外国近现代建筑史》《城市规划原理》《生态可持续建筑》以及各类民用建筑设计标准及规范。

3. 建筑结构相关知识

《建筑结构》里介绍各种建筑结构的原理和设计方法,包括混凝土结构、钢结构、木结构等。

《建筑力学》的静力学内容;《材料力学》里有关杆件的压缩、拉伸、剪切、扭转和弯曲的基本知识;《结构力学》的静定部分。此三本教材均为高等院校教材(供建筑学专业使用)。

《钢结构》《建筑地基基础》《混凝土结构与砌体结构》等书目。

其他有关结构的规范、标准,包括:建筑结构荷载规范、砌体结构设计规范、木结构设计规范、钢结构设计规范、混凝土结构设计规范、建筑地基基础设计规范、建筑抗震设计规范、钢筋混凝土高层建筑结构设计与施工规程、建筑结构制图标准等规范、标准中属于建筑师应了解的内容。

4. 建筑物理及建筑设备相关知识

《建筑物理》《建筑设备》等高等院校建筑学专业用教材;

《居住建筑节能设计标准》(DB 37/5026);

《夏热冬冷地区居住建筑节能设计标准》(JGJ 134)；
《民用建筑热工设计规范》(GB 50176)；
《建筑采光设计标准》(GB 50033)；
《建筑防火通用规范》(GB 55037)；
其他有关建筑防火，建筑声、光、热等物理环境相关的规范。

5. 建筑材料与构造

高等院校教材《建筑材料》《建筑构造》，以及屋面、地面、楼面、防水、装饰、砌体、玻璃幕墙、外墙面等工程做法及验收规范部分。

6. 建筑经济、施工及设计业务管理

建筑经济的内容比较分散，建议参考《一级注册建筑师资格考试手册》（全国注册建筑师管理委员会编）和《建筑师技术经济与管理读本》（全国注册建筑师管理委员会组织编写）进行学习；

建筑施工涉及的知识面比较广泛，主要是参考建筑师应该知会的有关建筑施工和验收的规范，如《砌体工程施工质量验收规范》《混凝土结构工程施工质量验收规范》《屋面工程质量验收规范》《地下防水工程质量验收规范》《建筑地面工程施工质量验收规范》《建筑装饰装修施工质量验收规范》等。

法规方面可以参考教材《建筑法规》，还要参阅《建设工程勘察设计管理条例》和《中华人民共和国注册建筑师条例细则》等有关法律条文，有助于考前的理解和掌握。

此外，《建筑设计资料集》是一本实用的资料集，包含了大量的设计案例和设计数据，对于开阔设计视野、补充设计知识、提高设计能力非常有帮助。

以上书籍仅供参考，具体的考试内容和参考书目，还需以当地注册建筑师管理委员会公布的最新考试大纲为准。

二、典型题型

(一)《建筑方案》作图题——以学生文体活动中心为例

1. 任务描述

华南地区某大学拟在校园内新建一座两层高的学生文体活动中心，总建筑面积约 6700m²。

2. 用地条件

建设用地东侧、南侧均为教学区，北侧为宿舍区，西侧为室外运动场，用地内地势平坦，用地及周边条件详见总平面图。

3. 总平面设计要求

在用地红线范围内，合理布置建筑（建筑物不得超出建筑控制线）、露天剧场、道路、停车场及绿化。

(1) 露天剧场包括露天舞台和观演区。露天舞台结合建筑外墙设置，面积 210m²，进深 10m；观演区结合场地布置，面积 600m²。

(2) 在建筑南、北侧均设面积 400m² 的人员集散广场和面积 200m² 的非机动车停车场。

（3）设面积100m² 的室外装卸场地（结合建筑的舞台货物装卸口设置）。

4. 建筑设计要求

学生文体活动中心由文艺区、运动区和穿越建筑的步行通道组成，要求分区明确，流线合理，联系便捷。各功能用房、面积及要求详见附表1、附表2，主要功能关系，见附图1。

附表1

功能区	房间及空间名称		建筑面积/m²	数量	采光通风	备注
步行通道	步行通道		—	—		9m宽，不计入建筑面积
文艺区	*文艺区大厅		320	—	#	含服务台及服务间共60m²
	*多功能厅		324	1	#	两层通高
	*观众厅及舞台		567	1		平面尺寸27m×21m
	声闸（出场口）		24	—		2处，各12m²
	厕所（临近大厅）		80		#	男、女厕及无障碍卫生间
	后台	后台门厅	40		#	—
		剧场管理室	40	1	#	—
		*储藏间	80		#	设装卸口
		舞美制作间	80	1	#	—
		化妆间	126	1	#	7间，每间13m²
		更衣室	36	—		男、女各18m²
		厕所	54		#	男、女厕各27m²
		跑场通道	—	—		面积计入"其他"
运动区	*运动区门厅		160	1	#	含服务台及服务间各18m²
	*羽毛球厅		567	1	#	平面尺寸27m×21m，可采用高侧窗采光通风
	*健身房		324	1	#	—
	医务室		54	1	#	—
	器材室		80			—
	更衣室		126	1	#	男、女（含淋浴间）各63m²
	厕所		70	1	#	男、女厕各35m²
其他			楼电梯间、走道、跑场通道等约848m²			
			一层建筑面积4000m²（允许误差±5%）			

附表2

功能区	房间及空间名称	建筑面积/m²	数量	采光通风	备注
文艺区	*交流大厅	450	1	#	可观看羽毛球厅活动
	观众厅及舞台	—			面积计入一层
	声光控制室	40	1		—
	声闸（进场口）	24	—		2处，各12m²

续表

功能区	房间及空间名称	建筑面积/m²	数量	采光通风	备注
文艺区	多功能厅（上空）	—			通过走廊或交流大厅观看本厅活动
	*大排练室	160	—	#	—
	*小排练室	60	—	#	—
	*练琴室	126	1	#	7间，每间18m²
	厕所（服务交流大厅）	80	—	#	男、女厕及无障碍卫生间
	更衣室	35			男、女各18m²
	厕所（服务排练用房）	54		#	男、女各27m²
运动区	羽毛球厅（上空）	—			通过交流大厅观看本场活动
	*乒乓球室	243	—	#	—
	*健美操室	324	—	#	—
	*台球室	126	—	#	—
	排练室	54	—	#	—
	厕所	70	—	#	男、女厕各35m²
其他	楼电梯间、走道等约833m²				
二层建筑面积2700m²（允许误差5%）					

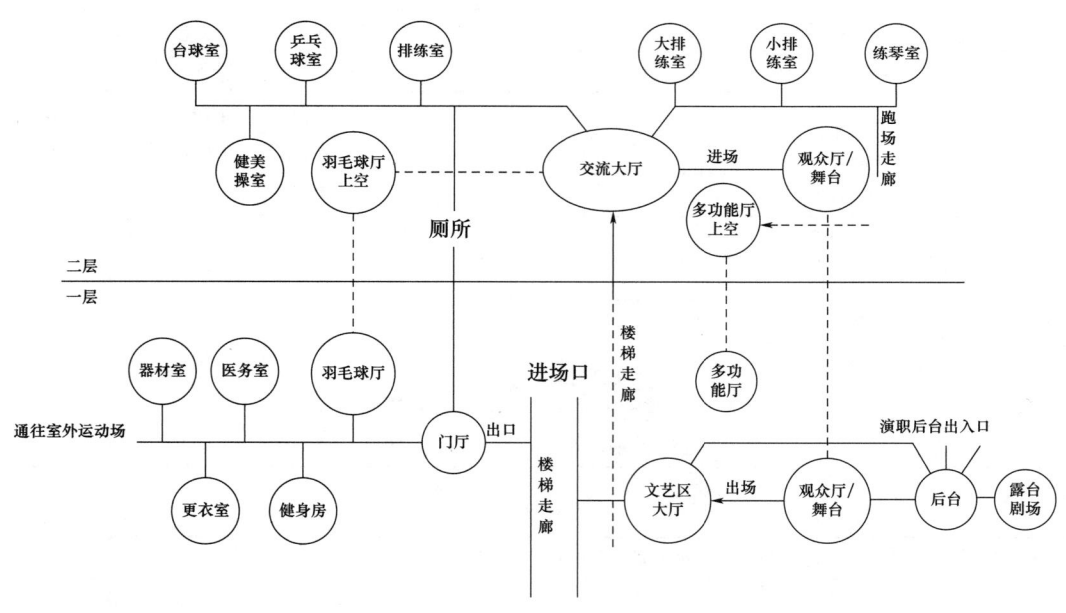

附图1 主要功能关系示意图

(1) 步行通道

步行通道穿越建筑一层，宽度为9m，方便用地南、北两侧学生通行，并作为本建筑文艺区和运动区主要出入口的通道。

（2）文艺区

主要由文艺区大厅、交流大厅、室内剧场、多功能厅、排练室、练琴室等组成，各功能用房应布置合理，互不干扰。

① 一层文艺区大厅主要出入口临步行通道一侧设置，大厅内设1部楼梯和2部电梯，大厅外建筑南侧设一部宽度不小于3m的室外大楼梯，联系二层交流大厅。多功能厅南向布置，两层通高，与文艺区大厅联系紧密，且兼顾合成排练使用，通过二层走廊或交流大厅可观看多功能厅活动。

② 二层交流大厅为文艺区和运动区的共享交流空间，兼做剧场前厅及休息厅；二层交流大厅应合理利用步行通道上部空间，与运动区联系紧密，可直接观看羽毛球厅活动。

③ 室内剧场的观众厅及舞台平面尺寸为27m×21m，观众席250座，逐排升起。观众席1/3的下部空间需利用；观众由二层交流大厅进场，经一层文艺区大厅出场，观众厅进出口处设置声闸。

舞台上、下场口设门与后台连通，舞台及后台设标高为0.600，观众厅及舞台平台布置见附图1。

④ 后台设独立的人员出入口，拆装间设独立对外的舞台货物装卸口；拆装间与舞台相通，且与舞美制作间相邻；化妆间及跑场通道兼顾露天舞台使用，跑场通道设置上、下口连通露天舞台。

（3）运动区

主要由羽毛球厅、乒乓球室、台球室、健身房、健美操室等组成，各功能用房应布置合理，互不干扰。

① 运动区主要出入口临步行通道一侧设置，厅内设服务台，其位置方便工作人员观察羽毛球厅活动。

② 羽毛球厅平面尺寸为27m×21m，两层通高，可利用高侧窗采光通风；乒乓球室设6张球台，台球室设4张球台，乒乓球、台球活动场地尺寸符合常规使用。

③ 健身房、健美操室要求南向采光布置。

④ 医务室、器材室、更衣室、厕所应合理布置，兼顾运动区和室外运动场的学生使用。

（4）其他

① 本设计应符合国家现行规范、标准及规定。

② 一层室内设计标高为±0.000，建筑室内外高差为150mm。

③ 一层层高为4.2m，二层层高为5.4m（观众厅及舞台屋顶、羽毛球厅屋顶的高度均为13.8m）。

④ 本设计采用钢筋混凝土框架结构，建议主要结构柱网采用9m×9m。

⑤ 结合建筑功能布局及防火设计要求，合理设置楼梯。

⑥ 附表中"采光通风"栏内标注♯的房间，要求有天然采光和自然通风。

5. 制图要求

（1）总平面图

① 绘制建筑物一层轮廓线，标注室内外地面相对标高；建筑物不得超出建筑控制

线（雨篷、台阶除外）。

② 在用地红线内，绘制并标注露天舞台和观演区、集散广场、非机动车停车场、室外装卸场地、机动车道、人行道及绿化。

③ 标注步行通道、运动区主出入口、文艺区主出入口、后台出入口及舞台货物装卸口。

(2) 平面图

① 绘制一层、二层平面图，表示出柱、墙（双线或单粗线）、门（表示开启方向）、踏步及坡道。窗、卫生洁具可不表示。

② 标注建筑总尺寸、轴线尺寸，标注室内楼、地面及室外地面相对标高。

③ 注明房间或空间名称；标注带＊房间及空间（见附表1、附表2）的面积，其面积允许误差在规定面积的±10%以内。

④ 分别填写一层、二层建筑面积，允许误差在规定面积的±5%以内，房间及各层建筑面积均以轴线计算。

(二)《设计前期及场地设计》考试典型考题及考点分析

(1) 防止污染及其他公害设施的建设，必须与主体工程建设项目实行"三同时"。"三同时"是指：(　　)。

A. 同时设计、施工、竣工　　　　B. 同时设计、审批、施工
C. 同时设计、审批、竣工　　　　D. 同时设计、施工、投产

【答案】D

解析：本题考的是设计管理方面的知识点。

(2) 下列有关风级的叙述中，哪项有误？(　　)

A. 无风：相当风速为 0.0m/s，炊烟直上，树叶不动

B. 微风：相当风速为 3.4～5.4m/s，树叶及微枝摇动不息，旌旗飘展

C. 大风：相当风速为 17.2～20.7m/s，可折断树枝，迎风步行有阻力

D. 飓风：相当风速为 32.6m/s 以上，摧毁力极大，陆地极少见

【答案】A

解析：本题考的是场地设计基本知识点。

(3) 在一座总高度为 15m 的营业楼附近欲设一停车场，该楼耐火等级为二级，则该停车场距离此办公楼的防火间距至少为(　　)。

A. 不限　　　　　　　　　　　　B. 9m
C. 13m　　　　　　　　　　　　D. 6m

【答案】D

解析：本题考的是与场地设计有关的消防规范之消防间距的知识。

(4) 关于场地管线综合的处理原则，下述哪个选项不正确？(　　)

A. 临时管线避让永久管线　　　　B. 小管线避让大管线
C. 重力自流管避让压力管　　　　D. 可弯曲管避让不可变曲管

【答案】C

解析：本题考的是场地设计里管线综合设计的知识点和规范。

(5) 消防车登高操作场地的长度和宽度分别应是（　　）。

A. 场地的长度和宽度分别不应小于 15m 和 10m

B. 场地的长度和宽度分别不应小于 10m 和 15m

C. 对于建筑高度大于 50m 的建筑，场地的长度和宽度分别不应小于 18m 和 15m

D. 对于建筑高度大于 50m 的建筑，场地的长度和宽度分别不应小于 15m 和 18m

【答案】A

解析：本题考的是与场地设计有关的消防规范之消防扑救。

(6) 党政机关高层办公建筑总使用面积系数不应低于（　　）。

A. 50%　　　　　　　　　　　　B. 60%

C. 65%　　　　　　　　　　　　D. 72%

【答案】B

解析：本题考的是建筑设计基本知识。

(7) 在地震条件下，下列地质地貌的哪个地段不属于危险地段？（　　）

A. 泥石流地段　　　　　　　　　B. 液化土地段

C. 滑坡地段　　　　　　　　　　D. 地裂地段

【答案】B

解析：本题考的是场地选择的基本原则。

(8) 以下关于在滑坡区或潜在滑坡区进行工程建设和滑坡整治的说法，错误的是（　　）。

A. 以防为主，防治结合，建房与治坡应同步完成

B. 应根据滑坡特征采取治坡与治水相结合的措施

C. 选择确保坡体整体稳定和减小坡体变形的方案

D. 建筑物的基础宜采用桩基础或桩锚基础等方案

【答案】A

解析：本题考的是场地施工的基本规程。

(9) 下列对高层民用建筑设消防车道的说法中不妥的是（　　）。

A. 高层建筑的周围，应设环形消防车道

B. 当高层建筑沿街长度超过 150m 时，应在适中位置设置穿过高层建筑的消防车道

C. 高层建筑的内院或天井，当其长边长度超过 24m 时，宜设有进入内院或天井的消防车道

D. 尽头式消防车道应设有回车道或回车场，回车场不宜小于 15m×15m

【答案】C

解析：本题考的是与场地设计有关的消防规范。

(10) 下列关于建设项目环境影响评价报批内容、评价审批和手续方面的叙述中，正确的是（　　）。

A. 可能造成轻度环境影响的，应当编制环境影响报告表

B. 报批的环境影响报告书中不应附有对有关单位、专家和公众的意见采纳或不采纳的说明

C. 设计单位和个人都可为建设单位推荐或指定进行环境评价的机构

D. 预审、审核、审批环境影响评价文件的被审建设单位，须向各种审查单位交纳一定的审查费用

【答案】A

解析：本题考的是设计前期和项目管理的知识。

(11) 某场地地形坡度为9%，场地内建筑密度较大，在进行场地平整时，应采用（ ）布置方式。

A. 重点式　　　　　　　　　　B. 平坡式
C. 斜坡式　　　　　　　　　　D. 台阶式

【答案】D

解析：本题考的是场地设计的基本知识。

(12) 下列设计前期需收集的基础资料中，不包括的内容是（ ）。

A. 市政规划条件
B. 项目环境评价报告
C. 建设方对建筑体型、立面等形象艺术方面的要求
D. 当地施工队伍的技术、装备状况

【答案】C

解析：本题考的是设计前期的基本操作。

(13) 在位于抗震设防地区选择建筑场地时，下列场地地段划分的类别中正确的是（ ）。

A. 安全地段、非安全地段
B. 有利地段、安全地段、非安全地段
C. 危险地段、不利地段、一般地段、有利地段
D. 危险地段、安全地段、稳定地段

【答案】C

解析：本题考的是设计前期的基本操作。

(14) 当住宅小区内主要道路坡度较大时，区内主要道路与城市道路衔接的下列说法中，正确的是（ ）。

A. 直接衔接　　　　　　　　　B. 降低城市道路标高
C. 加宽主要道路宽度　　　　　D. 设缓冲段

【答案】D

解析：本题考的是场地设计的道路方面基础知识。

(15) 居住区人工景观水体（人造水景的湖、小溪、瀑布及喷泉等）的补充水体严禁使用（ ）。

A. 中水　　　　B. 雨水　　　　C. 自来水　　　　D. 临近自然河道水

【答案】C

解析：本题考的是相关专业知识，测试建筑师的基本常识。

从典型的真实考题里可以看出，设计前期和场地设计的题目覆盖面很广，涉及的知识面比较宽，难度不大。但是每年的考试在消防、停车场、场地排水组织等方面的考题都占有一定的比例，足见此类知识的重要性，当然这些知识点和规范在大学期间

进行的专业课程讲授和实践训练中也都能够涉及。足见，大学期间对基本知识和实践能力的学习训练是影响着建筑师职业发展的。这就需要大学生在上学期间全方位吸收专业知识，重视理论结合实践的学习方法，培养符合社会发展需求的专业能力。同时，作为职业建筑师，应该在平时的工作中保持持续学习的状态，注意积累，通过设计多样的项目类型，拓展知识面，从而提高综合素养和设计能力，为社会创造出优秀的设计作品。

后附：2022—2023 年《设计前期与场地设计（新大纲）》考试真题样例

1. 关于既有建筑鉴定和加固前调查、检测与监测的说法，错误的是（　　）。
   A. 当工程图纸和资料齐全且真实有效时，可仅进行验证性检查和检测
   B. 当结构存在资料缺失或失真现象时，应进行现场详细检查和检测
   C. 当结构取样量受条件限制时，应作为个案专门研究处理
   D. 结构构件材料性能检测和监测结果进行数据汇总后，可直接出具鉴定结论

   【答案】D

2. 关于工程测量中高程与深度基准的说法，错误的是（　　）。
   A. 高程采用 1985 国家高程
   B. 深度基准在沿岸海域应为最高潮水面
   C. 深度基准在内陆水域采用设计水位
   D. 深度基准和高程基准之间应建立联系

   【答案】B

3. 关于架空高压线保护区内建设范围的描述，错误的是（　　）。
   A. 不可以建设建筑物　　　　　　B. 不可以建设构筑物
   C. 允许建设道路　　　　　　　　D. 不限制绿地种植

   【答案】B

4. 有关"古树"的认定标准，错误的是（　　）。
   A. 有神话故事的树木　　　　　　B. 由现代名人种植的树木
   C. 有科学价值的树木　　　　　　D. 有 100 年以上树龄的树木

   【答案】A

5. 建设用地中，主要用地范围在 6°（含）～25°（不含）之间的用地可认定为（　　）。
   A. 平地　　　　B. 丘陵地　　　　C. 山地　　　　D. 高山地

   【答案】D

6. 下列关于严寒地区（Ⅰa、Ⅰb、Ⅰc、Ⅰd 等四个建筑气候类型分区）建筑基本要求的描述中，正确的是（　　）。
   A. 所有气候分区都应考虑冻土的影响
   B. 所有气候分区都应考虑风沙、冰雹的影响
   C. 部分气候分区必须考虑冬季保温，兼顾夏季隔热
   D. 部分气候区应考虑积雪造成的危害

   【答案】D

7. 关于主导风向对城市用地的描述，错误的是（　　）。
   A. 生活垃圾焚烧站应位于主导风向的下风侧
   B. 学校、医院应位于主导风向的上风侧
   C. 绿地、水体、景观视觉通廊等用地应与主导风向保持一致
   D. 如果有两个盛行风向，城市用地中的二、三类工业用地应布置在盛行风向的两侧

【答案】B

8. 下列不属于山体滑坡的诱导因素的是（　　）。
   A. 河流冲刷　　　　　　　　　　B. 暴晒
   C. 地下水作用　　　　　　　　　D. 地震

【答案】B

9. 关于场地地热能利用，前期需做的调查评估，不包括（　　）。
   A. 应编制资源利用专项规划报有关部门批准
   B. 应对土壤分层、温度分布、渗透能力进行调查
   C. 应评估地下水系和形态，防止污水渗漏污染
   D. 应评估对地下动植物或生态环境的影响

【答案】C

10. 以下有关郊野公园湿地保护的措施中，错误的是（　　）。
    A. 尊重和保护原有水体的形态特征
    B. 可以作为城市防洪排涝使用
    C. 植物生境应以当地湿地主要群落为主
    D. 可抽取地下水补充湿地的水源

【答案】B

11. 下列控制空气污染的措施中，在时间顺序上应优先考虑的是（　　）。
    A. 采用自然同分措施
    B. 建筑空间布局设计有利于污染物的排放
    C. 在用地勘察阶段注意土壤中放射性氡元素的含量
    D. 在建筑主体、防火材料、装修材料的选择上，尽量选用高技术、低污染方案

【答案】C

12. 下列用地中，属于危险地带的是（　　）。
    A. 高含水量的可塑黄土　　　　　B. 河岸边坡的边缘
    C. 破碎的断层　　　　　　　　　D. 地震时具有较高滑坡风险的用地

【答案】D

13. 关于建筑物与相邻基地及其建筑物关系的说法，错误的是（　　）。
    A. 与相邻基地之间宜留出空地或道路
    B. 若紧邻边界，不得向相邻基地方向开设门洞口
    C. 不得与相邻基地建筑物毗邻建造
    D. 应满足与周围建筑物的日照标准

【答案】C

14. 湿陷性黄土地上的建筑物分类与拟建建筑物的下列哪个因素无关?( )
A. 重要性　　　　　　　　　　B. 高度
C. 体型　　　　　　　　　　　D. 面积

【答案】A

15. 总图中有两个点，A 坐标为 $X=3184.553$，$Y=1929.726$，B 坐标为 $X=3172.953$，$Y=1960.626$，则 A 与 B 的关系正确的是( )。
A. A 与 B 间东西向距离长，且 A 在 B 的北侧
B. A 与 B 间南北向距离长，且 A 在 B 的南侧
C. A 与 B 间东西向距离长，且 A 在 B 的东侧
D. A 与 B 间南北向距离长，且 A 在 B 的西侧

【答案】C

16. 不属于商业建筑高效利用土地的是( )。
A. 建筑高度、密度、容积率等指标充分实现土地开发价值
B. 减少地下停车数量，扩大商业建筑面积规模
C. 建筑的室外空间、出入口、场地内道路布局紧凑高效
D. 采取自然采光通风技术措施，提高地下室的使用价值

【答案】B

17. 不按净空要求控制建筑高度及施工设备高度的建设场地的是( )。
A. 历史建筑和文化街区　　　　B. 电信技术作业控制区
C. 军事要塞控制区　　　　　　D. 机场航线控制区

【答案】B

18. 关于临交通干线居住区声环境的说法，错误的是( )。
A. 住宅应远离铁路线路、轻轨交通干线
B. 将对噪声源敏感的建筑作为建筑声屏障
C. 噪声源与住宅间设隔声屏
D. 交通干线不应贯穿小区

【答案】B

19. 关于民用建筑绿色设计原则的说法，错误的是( )。
A. 优先采用主动技术策略
B. 选用适宜的被动技术体系
C. 选用高性能建筑产品和设备
D. 利用场地气候特征实现性能提升

【答案】A

20. 建设项目环境报告书批准后多久，开工建设应报原批准机关重新审核?( )
A. 2年　　　B. 3年　　　C. 5年　　　D. 8年

【答案】C

21. 人流聚集的室外公共场所设置的公共厕所服务半径最大为( )m。
A. 300　　　B. 200　　　C. 100　　　D. 50

【答案】A

22. 下列有关四班托儿所建设要求，正确的是（   ）。
A. 可与住宅合建
B. 可与托老所合建
C. 应独立设置
D. 可不设置独立室外活动场地
【答案】C

23. 关于宿舍旅馆项目选址错误的是（   ）。
A. 有山洪威胁的地段，应采取排涝措施
B. 有危险源地段，应满足有关安全距离
C. 存在噪声污染源的地段，应采取相应的降噪措施
D. 有光污染的地段，应采取降低光污染的措施
【答案】A

24. 建设项目前期策划阶段不包括的内容是（   ）。
A. 编制项目建议书
B. 编制可行性研究报告
C. 论证安全生产条件
D. 编制安全专篇
【答案】C

25. 关于20kV及以下变电所选址要求的说法，错误的是（   ）。
A. 不应设在剧烈振动或高温的场所
B. 不应设在污染源盛行风向的下风侧
C. 优先考虑与弱电机房相邻
D. 高层主体建筑内部应设置油浸变压器的变电所
【答案】C

26. 关于急救中心设置要求的说法，错误的是（   ）。
A. 救护车辆的配置规模应根据当地经济发展水平确定
B. 救护车辆按每5万～10万人配备一辆
C. 建筑面积指标按就诊人数确定
D. 建筑宜适当集中布置，建筑的使用面积系数宜控制在大于65％
【答案】D

27. 关于社区老年人日间照料中心设置的说法，错误的是（   ）。
A. 建设规模应以社区人口数量为主要依据，兼顾服务半径确定
B. 选址应邻近医疗机构等公共服务设施
C. 与其他建筑合建时，应设在独立的建筑分区内，且有独立的对外出入口
D. 老年人用房设置在不超过二层时，可不设电梯
【答案】D

28. 关于历史文化街区、名镇、名村保护的说法，错误的是（   ）。
A. 在建设控制地带内的新建建筑物、构筑物，应当符合保护规划确定的建设控制要求

B. 核心保护范围内，建筑物、构筑物应当区分不同情况，采取相应措施，实行分类保护

C. 核心保护范围内，不得新建、扩建公共服务设施

D. 核心保护范围内拆除历史建筑以外的建筑物、构筑物或其他设施的，应当经政府主管部门会同同级文物主管部门批准

【答案】B

29. 关于城市人行道宽度的说法，错误的是（　　）。

A. 学校路段最小值为4m

B. 历史文化街区支路最小宽度可酌情缩减

C. 火车站所在路段和长途汽车站所在路段的最小值相等

D. 对行道树池进行平整化处理的，行道树池的1/2有效宽度计入人行道路

【答案】C

30. 关于疗养院室外活动场地的说法，错误的是（　　）。

A. 活动场地宜选择在向阳避风处

B. 硬质铺地宜采用透水铺装材料

C. 体疗健身活动场地宜设置小型健身运动器材

D. 小型疗养院可不设室外活动场地

【答案】D

31. 关于建设项目环境保护设计的说法，错误的是（　　）。

A. 环境保护设施必须与主体工程同时设计、施工、投产使用

B. 对环境可能造成重大影响的建设项目，应当编制环境影响报告书

C. 在初步设计阶段，应编制环境保护篇章

D. 初步设计阶段应按照批准的环境影响报告书进行环境影响保护设施设计

【答案】D

32. 关于海绵城市建设的说法，错误的是（　　）。

A. 充分利用自然山体、河湖、湿地等生态空间，提升水源涵养能力

B. 建设雨水收集装置，促进水资源循环利用

C. 大幅度减少城市硬覆盖地面，推广透水建材铺装

D. 湿陷性黄土地区，不应建设下渗型海绵城市设施

【答案】D

33. 民用建筑修缮设计文件的内容不包括（　　）。

A. 房屋总平面图及原设计图纸，并应注明房屋与周围建筑物的关系

B. 修缮的范围、标准和方法

C. 结构处理（含危险点处理）的技术要求

D. 地勘记录

【答案】D

34. 关于饮食建筑设计要求的说法，错误的是（　　）。

A. 应采取有效措施防止油烟和气味对邻近建筑物造成污染

B. 应采取有效措施防止噪声和废弃物对邻近建筑物造成污染

C. 新建产生油烟的饮食业单位边界与环境敏感目标边界水平间距不宜小于 6m

D. 餐厅与饮食厅采光、通风应良好

【答案】C

35. 关于建筑碳排放的说法，错误的是（　　）。

A. 建筑碳排放是建筑物在与其有关的建材生产及运输、建造与拆除、运行阶段产生的温室气体排放的总和

B. 建筑碳排放以二氧化碳当量表示

C. 建筑碳汇是指在划定的建筑物项目范围内，绿化植被从空气中吸收并存储的二氧化碳量

D. 碳排放计算应以建筑群及小区的管道为计算对象

【答案】D

36. 关于轨道交通地下和地上工程安全保护区范围的说法，错误的是（　　）。

A. 风亭结构外边线外侧 15m 内

B. 高架车站和高架线路结构外边线外侧 30m 内

C. 地下车站结构外侧 50m 内

D. 隧道结构外边线外侧 50m 内

【答案】A

37. 关于城市道路的说法，错误的是（　　）。

A. 高差大的地区，人行、车行可不在同一标高

B. 城市中心停车最大规模不大于 500 辆

C. 承担救援功能的城市主干道两侧的高层建筑依据要求确定建筑高度

D. 承担救援功能的城市主干道立体交叉口应采用上跨式

【答案】D

38. 关于城市交通枢纽落客区说法错误的是（　　）。

A. 小客车落客区停车位宽度宜为 3m，道路宜为 3.25m

B. 小汽车上下落客车道边宽超过 50m 时，宜采用上下客分区设置

C. 大客车落客区停车位宽度宜为 3m，道路宜为 3.5m

D. 小客车上下落客区边宜设在建筑主入口一侧

【答案】D

39. 建筑结构工作使用年限内，结构应满足的功能要求不包括（　　）。

A. 能保持良好的使用

B. 承受在施工和使用期间可能产生的力作用

C. 火灾时有一定的承载力

D. 发生爆炸时结构能保持必要的整体性

【答案】C

40. 关于建筑结构使用年限说法，错误的是（　　）。

A. 建筑结构设计基础期 50 年

B. 普通建筑结构设计年限 50 年

C. 易替换结构构件的建筑设计年限 30 年

D. 十分重要的建筑设计年限 100 年

【答案】C

41. 建筑项目收益率是（　　）。

A. 建筑项目经济评价表中现金流量表所使用的折现率

B. 项目计算期间净现金流现值量计为 0 时的折现率

C. 建筑项目所属行业可接受的最低折现率

D. 期末负债率与总资产所产生的比率

【答案】C

42. 2021年《中华人民共和国土地管理法实施条例》，实行土地征收正确的是（　　）。

A. 县级以上人民政府相关部门规定土地补偿安置方案

B. 县级政府公布土地补偿安置地示范文本

C. 县级政府公布综合地价

D. 县级政府公布土地补偿费安置补偿费分配办法

【答案】A

43. 项目管理策划的管理过程不包括（　　）。

A. 分析确定项目管理的业态和范围

B. 建立确定管理策划的管理制度与职责

C. 抽调、了解、形成项目管理策划成果

D. 检查监督评估项目管理策划的过程

【答案】B

44. 建筑工程总承包发包承包过程错误的是（　　）。

A. 建设单位应在发包前完成项目的备案

B. 其他投资项目应在标准确定后进行工程总承包发包

C. 政府投资项目应在施工图设计文件审批完成后进行工程总承包发包

D. 建设单位可以直接发包或选择工程总承包单位

【答案】C

45. 建筑工程投资估算组成，错误的是（　　）。

A. 建筑工程投资估算包括建设项目投资估算、单项工程投资估算、单位工程投资估算

B. 建筑工程的项目总投资由建设投资和利息组成

C. 投资包括工程费用、工程建设其他费用、预备费

D. 工程费用包括建筑工程费用、设备选购费用、设备安装费用

【答案】B

46. 工程清单不包含（　　）。

A. 分部分项工程项目　　　　　B. 措施项目

C. 规费项目　　　　　　　　　D. 审计项目

【答案】D

47. 建筑项目工程总承包中施工执行计划不包括（　　）。

A. 施工组织原则，施工质量计划

B. 施工安全，职工健康环境评估计划

C. 施工进度计划，施工费用计划

D. 施工考核，试运行执行计划

【答案】D

48. 关于总承包策划中项目计划的说法，错误的是（　　）。

A. 项目计划分为管理计划和实施计划

B. 根据建设项目规模和特点，可将管理计划和实施计划合并编制

C. 项目管理计划包括设计和施工执行计划

D. 实地实施计划包括项目进度计划、采购和施工及运营进度计划

【答案】C

49. 关于中学总平面设计，错误的是（　　）。

A. 普通教室冬至日满窗日照满足 2h

B. 主要教学用房不得大于四层

C. 各类室外场地宜长轴南北向布置

D. 应在显要位置设置旗台

【答案】B

50. 不允许突出道路或用地红线的是（　　）。

A. 地铁相关

B. 建筑连接体

C. 连接城市管廊、管沟等市政公共设施

D. 地下支护桩

【答案】D

51. 关于综合医院医疗废弃物暂存用房的布置，正确的是（　　）。

A. 宜远离门急诊住院房，并宜在主导风上风向

B. 宜远离门急诊住院病房，并宜在主导风下风向

C. 靠近门急诊住院部用房，并宜在主导风上风向

D. 靠近门急诊住院病房，并宜在主导风下方向

【答案】B

52. 基地地面排水应当采用车行道排泄地面雨水时，雨水口的形式及数量主要根据哪些因素确定？（　　）

A. 汇水面积、流量、道路纵坡　　　　B. 汇水面积、流速、道路宽度

C. 道路纵坡、流速、道路长度　　　　D. 流量、道路平整度、横坡

【答案】A

53. 关于避难所的描述错误的是（　　）。

A. 应选择地势高且平坦，有利于排水和空气流通，具有一定基础设施的空间

B. 固定避难所可利用抗灾设防标准高的公共设施

C. 紧急避难所可选择居住小区内的花园、广场、空地、街头绿地等

D. 地下室空间不得作为防灾避难所使用

【答案】D

54. 地下机动车车库出入口与连接道路之间的缓冲段,错误的是( )。
A. 出入口缓冲段与基地道路连接处转弯半径不宜小于 5.5m
B. 出入口缓冲段与基地道路垂直时不应小于 5.5m
C. 出入口缓冲段与基地道路平行时,应设不小于 5.5m 的缓冲段汇入基地道路
D. 连接基地外道路时不应小于 5.5m
【答案】D

55. 关于缘石坡道最大坡度错误的是( )。
A. 全宽式单面坡道坡度小于等于 1:12
B. 三面坡缘石坡道正面坡度小于 1:12
C. 三面坡缘石坡道侧面坡度小于 1:12
D. 其他形式的缘石坡道坡度小于等于 1:12
【答案】A

56. 民用建筑场地中,当自然坡度大于( )时,宜采用台阶式。
A. 3%   B. 8%   C. 12%   D. 15%
【答案】B

57. 根据《总图制图标准》,图示表达的含义是( )。

A. 原有车站   B. 拆除原有车站
C. 新设计车站   D. 规划车站
【答案】C

58. 新建 18m 教学楼的最大可建范围是( )m²。
A. 2220   B. 2370   C. 2400   D. 2550
【答案】C

59. 下列有关多层车库的描述,正确的是( )。
A. 因多层车库进出车辆频繁,库址应选在城市干道交叉口处
B. 不宜靠近医院、学校、住宅建筑
C. 不必考虑室外用地作停车、调车和修车用
D. 为减小多层车库的体量,设计时要考虑到地下停车
【答案】B

60. 建筑结构工作使用年限内,应满足的条件不包括( )。
A. 能保持良好的使用
B. 承受在施工和使用期间可能产生的力作用
C. 火灾时有一定的承载力
D. 发生爆炸时结构能保持必要的整体性
【答案】C

(三)《建筑材料与构造》考试真题题型及考点分析

1. 下列不属于胶凝材料的是（　　）。
   A. 石灰　　　　　B. 石膏　　　　　C. 菱苦土　　　　D. 橡胶
   【答案】D

2. 混凝土拌和物塌落度为10~90mm的是（　　）。
   A. 大流动性　　　B. 流动性　　　　C. 塑性　　　　　D. 干硬性
   【答案】C

3. 岩棉的微观结构是（　　）。
   A. 胶体　　　　　B. 金属晶体　　　C. 玻璃体　　　　D. 分子晶体
   【答案】C

4. 软化系数反映的是（　　）。
   A. 吸水性　　　　B. 耐水性　　　　C. 吸湿性　　　　D. 抗渗性
   【答案】B

5. 以下材料中密度最大的是（　　）。
   A. 砂　　　　　　B. 水泥　　　　　C. 大理石　　　　D. 普通黏土砖
   【答案】A

6. 加气混凝土制品，应该限量的是（　　）。
   A. 苯　　　　　　B. 氡　　　　　　C. VOC　　　　　D. 游离甲醛
   【答案】B

7. 关于防水混凝土材料的说法，错误的是（　　）。
   A. 可用普通硅酸盐水泥
   B. 不宜选用硅酸盐水泥
   C. 石子粒径良好，洁净
   D. 宜选用中粗砂
   【答案】B

8. 水泥浆加硼砂的主要作用是（　　）。
   A. 防水　　　　　B. 防热　　　　　C. 防腐蚀　　　　D. 防辐射
   【答案】D

9. 花岗岩的特性错误的是（　　）。
   A. 密度大　　　　B. 抗压强度大　　C. 抗火性能好　　D. 耐腐蚀
   【答案】C

10. 下列选项中会影响水泥体积安定性的是（　　）。
    A. 氧化钙　　　　B. 氧化钠　　　　C. 氧化锌　　　　D. 氧化铁
    【答案】A

11. 砖墙底层抹灰使用（　　）。
    A. 混合砂浆　　　　　　　　　　　B. 石灰砂浆
    C. 麻刀石灰砂浆　　　　　　　　　D. 纸筋石灰砂浆
    【答案】B

12. 木材顺纹强度从高到低的顺序，正确的是（　　）。
A. 抗拉、抗弯、抗压、抗剪
B. 抗拉、抗压、抗弯、抗剪
C. 抗拉、抗弯、抗剪、抗压
D. 抗拉、抗压、抗剪、抗弯
【答案】B

13. 实木装饰楼板优等品允许限量出现的表面缺陷是（　　）。
A. 虫眼　　　　B. 活节　　　　C. 髓斑　　　　D. 钝棱
【答案】B

14. 钢材经过下列（　　）热处理后，硬度大大提高，塑性和韧性显著下降。
A. 淬火　　　　B. 退火　　　　C. 正火　　　　D. 回火
【答案】A

15. 下列关于金属材料的说法，错误的是（　　）。
A. 紫铜片是纯铜　　　　　　　B. 黄铜粉俗称金粉
C. 铝粉俗称银粉　　　　　　　D. 青铜是铜锌合金
【答案】D

16. 下列关于灰口生铁的说法，错误的是（　　）。
A. 易于铸造　　　　　　　　　B. 不易切削加工
C. 成本较低　　　　　　　　　D. 工业用途广泛
【答案】B

17. 下列元素中哪一种稍多会严重影响碳素结构钢的塑性和韧性（　　）。
A. 硅　　　　　B. 锰　　　　　C. 磷　　　　　D. 碳
【答案】C

18. 熟化和硬化几乎同时进行的是（　　）。
A. 生石灰　　　B. 石灰石　　　C. 生石灰粉　　D. 消石灰
【答案】C

19. "建筑石膏3GB9776"中的"3"是指下列哪项技术要求？（　　）
A. 抗折强度　　B. 抗压　　　　C. 初凝　　　　D. 终凝
【答案】A

20. 建筑陶瓷成型制坯焙烧后，根据烧结程度，其坯体分类不包括（　　）。
A. 瓷质　　　　B. 陶质　　　　C. 釉质　　　　D. 炻质
【答案】C

21. 温差大选用哪种玻璃？（　　）
A. 吸热玻璃　　　　　　　　　B. 低辐射阳光控制膜玻璃
C. 太阳能热反射膜玻璃　　　　D. 低辐射玻璃
【答案】B

22. 大多数塑料的基本材料是（　　）。
A. 合成树脂　　B. 硅藻土　　　C. 环氧树脂　　D. 磷酸苯三酯
【答案】A

23. 胶的主要性质由下列哪项决定？（　　）
A. 改性　　　　B. 固化剂　　　　C. 填料　　　　D. 粘料
【答案】D

24. 不属于石油沥青技术性质的是（　　）。
A. 黏性　　　　B. 塑性　　　　C. 溶解度　　　　D. 软化点
【答案】C

25. 关于丙烯酸涂料的说法，错误的是（　　）。
A. 耐沾污性好　　　　B. 保色性好
C. 耐老化性好　　　　D. 附着力好
【答案】A

26. 关于沥青胶玛琦脂的说法，正确的是（　　）。
A. 是树脂改性沥青　　　　B. 只能热用
C. 可以粘贴卷材　　　　D. 不能用于补漏
【答案】C

27. 关于高聚物改性沥青防水卷材的说法，正确的是（　　）。
A. 聚酯毡胎体卷材性能最优　　　　B. 属于低档防水材料
C. 比传统沥青耐热度低　　　　D. 防腐性能较差
【答案】A

28. 用于室内木构件防腐的是（　　）。
A. 煤焦油　　　　B. 蒽油　　　　C. 氯化锌　　　　D. 氟砷沥青
【答案】C

29. 膨胀珍珠岩性能正确的是（　　）。
A. 表观密度大　　　　B. 吸湿性能强　　　　C. 防火性能差　　　　D. 导热系数小
【答案】D

30. 下列属于有机绝热材料的是（　　）。
A. 泡沫玻璃　　　　B. 泡沫塑料　　　　C. 膨胀蛭石　　　　D. 膨胀珍珠岩
【答案】B

31. 关于玻璃棉及其制品的说法，错误的是（　　）。
A. 憎水性差　　　　B. 导热系数小　　　　C. 不燃无毒　　　　D. 化学稳定强
【答案】A

32. 绿色建材生产应减少使用的是（　　）。
A. 废弃混凝土　　　　B. 煤和石油　　　　C. 农作物秸秆　　　　D. 工业废料
【答案】B

33. 下列不属于绿色防水涂料产品评价指标项的是（　　）。
A. 有害物质　　　　B. 固体含量　　　　C. 耐久性能　　　　D. 黏结性能
【答案】D

34. 绿色建材产品评价一级指标不包括（　　）。
A. 资源属性　　　　B. 耐水属性　　　　C. 环境属性　　　　D. 能源属性
【答案】B

35. 关于道路水泥混凝土面层的说法，正确的是（　　）。
  A. 可混用不同等级水泥　　　　　B. 应采用天然级配粗集料
  C. 宜采用带尖刺钢纤维　　　　　D. 不得直接使用海砂
  【答案】D

36. 全透水水泥混凝土路面结构，不适用于（　　）。
  A. 非机动车道　　B. 轻型荷载道路　　C. 景观绿地　　D. 人行道
  【答案】B

37. 关于地下工程大体积防水混凝土的说法，正确的是（　　）。
  A. 选用水化热高的水泥　　　　　B. 应采取保温保湿养护
  C. 炎热季节提高原料温度　　　　D. 宜掺入憎水剂、速凝剂
  【答案】B

38. 地下工程施工环境温度低于－10℃且不低于－20℃时，防水层可采用（　　）。
  A. 防水砂浆　　　　　　　　　　B. 无机防水涂料
  C. 膨润土防水材料　　　　　　　D. 有机防水涂料
  【答案】C

39. 地下工程侧墙卷材防水层的保护层不宜采用（　　）。
  A. 沥青基防水保护板　　　　　　B. 塑料排水板
  C. 聚苯乙烯泡沫板　　　　　　　D. 混凝土保护墙
  【答案】D

40. 关于岩棉薄膜灰外保温系统锚盘压双层玻纤网构造，正确的是（　　）。
  A. 玻纤网应加在岩棉板两侧　　　B. 玻纤网不得设在抹面层内
  C. 锚盘外应铺设面层玻纤网　　　D. 锚盘应压在面层玻纤网上
  【答案】C

41. 关于蒸压加气混凝土制品墙体防水的说法，正确的是（　　）。
  A. 有防水要求的房间墙面，可不设防水层
  B. 水平装饰线脚可不采用防水措施
  C. 防潮层以下的外墙不得采用加气混凝土制品
  D. 密封胶的厚度宜为板拼接宽度的1/3
  【答案】C

42. 对有防水要求的房间，墙体底部可不设混凝土坎墙的是（　　）。
  A. 石膏砌块　　　　　　　　　　B. 蒸压加气混凝土砌块
  C. 自保温混凝土复合砌块　　　　D. 混凝土小型空心砌块
  【答案】D

43. 关于装配式住宅预制外墙板的说法，正确的是（　　）。
  A. 外墙饰面采用现场后贴挂
  B. 接缝采用构造防水即可
  C. 夹心保温外墙板中内外叶墙板拉结件应防止形成热桥
  D. 窗洞口尺寸可灵活多样
  【答案】C

44. 关于外墙外保温系统的说法，正确的是（　　）。
A. 各种组分材料可分别采购
B. 基层墙面处理宜使用混合砂浆
C. 防火隔离带施工后，再施工保温材料
D. 饰面层宜采用浅色涂料饰面砂浆
【答案】D

45. 关于屋面防水层选择，错误的是（　　）。
A. 外露防水层应选用耐老化的材料
B. 长期处于潮湿环境的防水层，应选用耐腐蚀材料
C. 装配式建筑屋面防水层应有较强变形能力
D. 倒置式屋面的防水层应耐紫外线
【答案】D

46. 关于屋面排水的说法，错误的是（　　）。
A. 高层建筑屋面排水宜采用内排水
B. 多层建筑屋面排水宜采用有组织外排水
C. 檐高小于10m的屋面可采用无组织排水
D. 严寒地区宜采用外排水
【答案】D

47. 关于屋面复合防水层的说法，正确的是（　　）。
A. 防水卷材与防水涂料应相容
B. 防水涂膜宜设在防水卷材的上面
C. 合成高分子类防水涂膜上面可采用热熔型防水卷材
D. 水乳型防水涂膜完成后再热铺卷材
【答案】A

48. 关于采光顶与金属屋面，错误的是（　　）。
A. 光伏组件应避免环境遮挡
B. 女儿墙低于500mm时宜设防坠落装置
C. 采光顶的面板可作接闪器
D. 屋顶开口周边可设防火隔离带
【答案】C

49. 关于种植屋面的说法，正确的是（　　）。
A. 种植荷载只考虑初栽植物荷重
B. 宜采用倒置式屋面
C. 种植土的荷重应按饱和水容重计算
D. 水电管线等宜铺设在防水层之下
【答案】C

50. 关于轻质条板隔墙的说法，正确的是（　　）。
A. 双层条板隔墙两侧墙面的竖向接缝应对齐
B. 条板隔墙上吊挂重物和设备时，应单点固定

C. 单层条板隔墙宜暗埋配电箱
D. 单层条板隔墙竖向接板时，相邻条板接头位置宜错开

【答案】D

51. 下列不属于轻质条板隔墙加强防裂措施的是（　　）。

A. 沿长度方向设伸缩缝
B. 加设拉结筋加固措施
C. 设 C20 细石混凝土条形墙垫
D. 全墙面粘贴无纺布

【答案】C

52. 潮湿房间轻钢龙骨石膏板内隔墙和楼面连接的构造做法，正确的是（　　）。

A. 设防水反坎，两个石膏板均设在防水反坎之上
B. 在石膏板与楼板连接处，使用密封胶进行嵌缝处理
C. 做在防水翻沿上的墙体，可以不附加防潮纸
D. 安装轻钢龙骨时，应使用钢钉将其固定在楼板上

【答案】A

53. 下列玻璃选用错误的是（　　）。

A. 无框落地玻璃，12mm 厚钢化玻璃
B. 室内隔断单片 3m，8mm 厚钢化玻璃
C. 浴室无框单片 3m，12mm 厚钢化玻璃
D. 室内栏板玻璃，12mm 厚钢化玻璃

【答案】D

54. 外开敞外廊处吊顶面板材料是（　　）。

A. 钢化玻璃　　　　　　　　B. 穿孔石膏板
C. 矿棉吸音板　　　　　　　D. 穿孔铝板

【答案】D

55. 吊顶内采取防冷凝措施的管线是（　　）。

A. 排烟　　　　　　　　　　B. 供水
C. 通风　　　　　　　　　　D. 电气

【答案】C

56. 可直接安装 1kg 灯具的是（　　）。

A. 金属板吊顶　　　　　　　B. 矿棉板吊顶
C. 玻璃纤维板吊顶　　　　　D. 石膏板块吊顶

【答案】A

57. 地面面层厚度，错误的是（　　）。

A. 水泥砂浆面层 20mm
B. 水磨石地面面层 12mm
C. 细石混凝面层 25mm
D. 混凝土面层兼垫层 80mm

【答案】C

58. 防腐蚀地面施工要求/技术，错误的是（　　）。
A. 标高比非防腐蚀地面低 10mm
B. 采用整体垫层
C. 踢脚高度 250mm
D. 采用防腐蚀踢脚

【答案】A

59. 混凝土地面控制裂缝措施正确的是（　　）。
A. 面层增加钢纤维
B. 沿长向设抗裂钢筋
C. 沿短向设抗裂钢筋
D. 面层设波纤网格布

【答案】B

60. 不适用于视觉障碍使用者的踏步是（　　）。
A. 防滑条凸出踏面（金刚砂防滑条）
B. 石材幕墙凹进去
C. 成品面层突出
D. 防滑条平

【答案】A

61. 人造板材幕墙传热系数正确的是（　　）。
A. 无基层墙开缝幕墙，由幕墙决定
B. 有基层墙封闭幕墙，由幕墙决定
C. 有基层墙开缝幕墙，由内衬墙决定
D. 有基层墙封闭幕墙，由内衬墙决定

【答案】C

62. 关于高层人造板材幕墙的防火要求，错误的是（　　）。
A. 有基层墙时，其耐火极限不应低于 1h
B. 无基层墙时，应采用不燃材料
C. 有基层墙时，耐火时间无要求
D. 无基层墙时，耐火时间应为 1h

【答案】A

63. 不需要设置泄水孔的是（　　）。
A. 单元式明框玻璃幕墙
B. 构件式隐框玻璃幕墙
C. 单元式隐框玻璃幕墙
D. 构件式明框玻璃幕墙

【答案】C

64. 关于玻璃幕墙防火构件，正确的是（　　）。
A. 装在上侧　　B. 装在下侧　　C. 装在上下侧　　D. 装在缝两侧

【答案】C

65. 隔声窗的设置要求，正确的是（　　）。
A. 间距＜50mm
B. 相互平行
C. 采用不同厚度
D. 较厚玻璃安装在传入一侧

【答案】C

66. 防火卷帘的设置错误的是（　　）。
A. 防火防烟卷帘导轨内应设置防烟装置
B. 防火防烟卷帘门楣处应设置防烟装置
C. 无机纤维复合卷帘应沿帘布纬向设置夹板
D. 导轨内应呈圆弧形

【答案】C

67. 混凝土内墙涂料施工顺序，正确的是（ ）。
A. 清扫基地面层—满刮腻子—填补缝隙—封底涂料—主层涂料—罩面涂料
B. 清扫基地面层—填补缝隙—满刮腻子—封底涂料—主层涂料—罩面涂料
C. 清扫基地面层—填补缝隙—罩面涂料—满刮腻子—封底涂料—主层涂料
D. 清扫基地面层—满刮腻子—填补缝隙—罩面涂料—主层涂料—封底涂料
【答案】B

68. 关于装饰石材骨架材料说法，错误的是（ ）。
A. 选用热弯镀锌型钢 B. 竖龙骨已选用槽钢
C. 横龙骨已选用角钢 D. 横竖龙骨常用栓接
【答案】D

69. 外墙面砖的做法错误的是（ ）。
A. 应排砖、分格
B. 非整砖不宜小于整砖1/3
C. 饰面砖从下到上粘接
D. 填缝先水平后垂直
【答案】C

70. GRG挂板施工正确的是（ ）。
A. 放样—机电预留—板材安装—批嵌涂料饰面
B. 放样—批嵌涂料饰面—板材安装—机电预留
C. 放样—机电预留—批嵌涂料饰面—板材安装
D. 放样—板材安装—机电预留—批嵌涂料饰面
【答案】D

71. 玻璃砖隔墙设置正确的是（ ）。
A. 可用防火墙 B. 可用于非承重墙
C. 80厚内墙可用于8度震区 D. 用于酸碱介质
【答案】B

72. 关于变形缝说法正确的是（ ）。
A. 垂直方向变形
B. 防震缝和沉降缝结合时，基础应断开
C. 伸缩缝从底部断开
D. 沉降缝是建筑物地面以上部分全都断开，基础不断开
【答案】B

通过以上的考题样例分析，可以看出《材料与构造》的内容较广，涉及的知识面较宽，往往材料和构造的知识是一起考察，而且考察的侧重点是紧密围绕原理进行的。这就要求大学期间进行建筑材料和建筑构造的学习时重视原理的理解和记忆，同时加强项目现场的观摩和实习，提升学习效果。作为职业建筑师，应该在平时的工作中注意积累、勤于比较和尝试，扩大知识面，提高设计实践能力，创造更多集美观和实用为一体的作品。

（四）《建筑设计知识》考试真题题型及考点分析

1. 古罗马帝国时期最大的广场是（　　）。
   A. 恺撒广场
   B. 奥古斯都广场
   C. 图拉真广场
   D. 庞贝城中心广场

   【答案】C

2. 欧洲最早的建筑学院是 1671 年建于（　　）。
   A. 英国　　　B. 德国　　　C. 法国　　　D. 意大利

   【答案】C

3. 主张以工业建筑为基地发展符合功能和结构特征的建筑是（　　）。
   A. 贝伦斯　　B. 格罗皮乌斯　　C. 杜斯伯格　　D. 柯布西耶

   【答案】A

4. 以下哥特风格建筑，属于西班牙的是（　　）。
   A. 布尔戈斯大教堂
   B. 科隆主教堂
   C. 索尔兹伯里主教堂
   D. 兰斯主教堂

   【答案】A

5. 中世纪西欧天主教堂最正统的空间形制是（　　）。
   A. 巴西利卡式　B. 集中式　C. 拉丁十字式　D. 希腊十字式

   【答案】C

6. 以下关于巴洛克建筑风格特征，说法错误的是（　　）。
   A. 追求新奇
   B. 普遍使用拱券结构
   C. 表达世俗情趣，具有欢乐气氛
   D. 趋向自然，追求自由奔放的风格

   【答案】B

7. 以下不能反映典雅主义倾向的建筑是（　　）。
   A. 谢尔顿艺术纪念馆
   B. 雅马萨奇的麦格拉格纪念会议中心
   C. 纽约世界贸易中心
   D. 昌迪加尔行政中心

   【答案】D

8. 下列关于包豪斯校舍的建筑设计特点的描述中，错误的是（　　）。
   A. 先决定建筑总的外观体形，再把建筑的各个部分安排进去，体现了由外向内的设计思想
   B. 采用灵活的不规则的构图手法
   C. 发挥现代建筑材料和结构的特点，选用建筑本身的要素取得艺术效果
   D. 造价低廉

   【答案】A

9. 在意大利威尼斯的圣马可广场的布局中，采用的空间处理手法是（　　）。
   A. 强调了中轴线对称的形式
   B. 强调了各种空间之间的对比

C. 用了统一的建筑格局
D. 采用了不同尺度的建筑群体组合

【答案】D

10. 哥特式建筑是在12—15世纪流行于欧洲的一种建筑风格，代表性建筑是（　　）。
A. 比萨主教堂　　　　　　　　　B. 巴黎圣母院
C. 纳沃那广场　　　　　　　　　D. 法国昂古莱姆主教堂

【答案】B

11. 以下关于阳台，说法不正确的是（　　）。
A. 住宅阳台栏板，六层及六层以下的不应低于1.05m
B. 住宅阳台栏板，七层及七层以上的不应低于1.20m
C. 顶层阳台应设雨罩
D. 每套住宅宜设阳台或平台

【答案】B

12. 小学校的服务半径通常为（　　）m。
A. 500　　　　　B. 1000　　　　　C. 800　　　　　D. 600

【答案】A

13. 公共建筑设计中，处理功能的核心问题包括（　　）。
（1）功能分区　（2）空间组成　（3）人流组织　（4）空间比例
A. （1）、（2）、（3）　　　　　B. （1）、（2）、（4）
C. （1）、（3）、（4）　　　　　D. （2）、（3）、（4）

【答案】A

14. 档案馆可划分为（　　）个等级。
A. 四　　　　　B. 五　　　　　C. 六　　　　　D. 三

【答案】D

15. 以下不属于低层住宅特点的是（　　）。
A. 附带室外院子　　　　　　　　B. 建筑造型灵活
C. 利于节约用地　　　　　　　　D. 市政设施使用效率低

【答案】C

16. 西安半坡村遗址中的建筑结构形式属于（　　）。
A. 抬梁式　　　B. 穿斗式　　　C. 木骨泥墙式　　　D. 井干式

【答案】C

17. 浙江余姚河姆渡遗址的建筑结构形式属于（　　）。
A. 抬梁式　　　B. 干栏式　　　C. 穿斗式　　　D. 井干式

【答案】B

18. 我国古代最完整的建筑技术书籍是（　　）。
A. 周礼《考工记·匠人》　　　　B. 宋代《木经》
C. 宋代《营造法式》　　　　　　D. 清代《工程做法则例》

【答案】C

19. 中国古代建筑屋顶等级由高到低排列的顺序是（　　）。
   A. 歇山顶、硬山顶、悬山顶　　　　B. 庑殿顶、歇山顶、悬山顶
   C. 歇山顶、庑殿顶、重檐庑殿顶　　D. 庑殿顶、硬山顶、悬山顶
   【答案】B

20. 下列中国古代住宅结构类型中，不属于木构的是（　　）。
   A. 井干式　　　B. 穿斗式　　　C. 抬梁式　　　D. 干栏式
   【答案】D

21. 按照《公共建筑节能设计标准》，严寒地区甲类公共建筑各单一立面窗墙面积比（包括透光幕墙）均不宜大于（　　）。
   A. 0.5　　　B. 0.6　　　C. 0.7　　　D. 0.8
   【答案】B

22. 根据总规划用地面积计算其他各项技术指标时，下列关于总规划用地面积的说法中正确的是（　　）。
   A. 含代征城市道路用地
   B. 含代征城市绿化用地
   C. 含代征城市绿地，但不含代征城市道路用地
   D. 不含代征城市道路用地及代征城市绿地
   【答案】D

23. 以下关于公共厕所的建筑设计说法，不正确的是（　　）。
   A. 公共厕所内墙面应采用光滑、便于清洗的材料
   B. 独立式厕所的建筑通风、采光面积之和与地面面积比不宜小于1∶9
   C. 独立式公共厕所室内净高不宜小于3.5m
   D. 单层公共厕所窗台距室内地坪最小高度应为1.80m
   【答案】B

24. 以下关于轮椅席位设计规定，说法错误的是（　　）。
   A. 应设在便于到达和疏散及通道的附近
   B. 不得将轮椅席设在公共通道范围内
   C. 每个轮椅席占地面积不应小于1.1m×0.8m
   D. 轮椅席位的地面应有凹凸面，防止轮椅溜走
   【答案】D

25. 当室内坡道水平投影长度超过（　　）m时，应设休息平台。
   A. 10　　　B. 12　　　C. 15　　　D. 18
   【答案】C

26. 建筑物外墙为难燃烧体，防火墙应凸出墙表面（　　）m以上，两侧外墙宽度不小于（　　）m的不燃烧体。
   A. 0.4；2　　　B. 0.6；3　　　C. 0.8；4　　　D. 1；5
   【答案】A

27. 以下属于二类高层建筑的是（　　）。
   A. 高度超过54m的普通住宅

B. 建筑高度为 30m 的住宅

C. 27m 以下的普通住宅

D. 高度超过 50m 的公共建筑

【答案】B

28. 住宅公共楼梯的踏步宽度不应小于(　　)mm。

A. 300　　　　B. 280　　　　C. 260　　　　D. 220

【答案】C

29. 规划部门批准允许突出道路红线的建筑物突出物，说法正确的是(　　)。

A. 绝不允许在有人行道路面上空突出

B. 建筑突出物与建筑本身可以是分开的两部分

C. 无人行道路上空 4m 可突出窗罩、空调机位，突出深度>0.5m

D. 建筑和突出物不得向道路上空排泄雨水、空调冷凝水等废水

【答案】D

30. 无人行道路上空(　　)m 以上可突出窗罩、空调机位等建筑突出物，突出深度小于等于(　　)m。

A. 2；0.5　　　B. 4；0.6　　　C. 6；0.5　　　D. 8；0.5

【答案】B

31. 以下关于高层建筑消防电梯设置规定，说法错误的是(　　)。

A. 前室应设乙级防火门

B. 机房、井道与其他相邻电梯井、机房之间用耐火极限≥2h 隔墙隔开

C. 前室应设卷帘门

D. 底层应设直通室外出口或经过长度不大于 30m 的通道通向室外

【答案】C

32. 幼儿园内集中绿地进行树种选择时，下列不应采用的组合方式是(　　)。

Ⅰ. 玫瑰　Ⅱ. 紫竹　Ⅲ. 腊梅　Ⅳ. 紫荆

A. Ⅰ、Ⅱ　　　B. Ⅲ、Ⅳ　　　C. Ⅱ、Ⅳ　　　D. Ⅱ、Ⅲ

【答案】A

33. 防火分区至避难走道入口处应设置防烟前室，前室的使用面积不应小于(　　)m^2。

A. 5　　　　B. 6　　　　C. 7　　　　D. 8

【答案】B

34. 在进行办公楼设计时，采用自然通风的办公室，其通风开口面积不应小于房间地板面积的(　　)。

A. 1/10　　　B. 1/15　　　C. 1/20　　　D. 1/25

【答案】C

35. 住宅建筑外廊、内天井及上人屋面等临空处栏杆净高，6 层及 6 层以下不应低于(　　)m。

A. 1.05　　　B. 1.10　　　C. 0.90　　　D. 1.00

【答案】A

36. 以下关于人防工程建筑物防火分区和建筑构造之间的关系，说法错误的是（　　）。
   A. 避难走道不需要划分防火分区
   B. 防火分区宜与防护单元相结合
   C. 每个防火分区最大允许使用面积为 500m²
   D. 观众厅防火分区不大于 1000m²，设置有自动灭火系统时可增加至 1200m²

【答案】D

37. 基地人行道的纵坡不应大于 8%，横坡应为（　　）。
   A. 1.5%～2.5%　　B. 0.5%～1.5%　　C. 1%～2%　　D. 1%～2.5%

【答案】C

38. 住宅建筑走廊和公共部位通道的净宽不应小于 1.20m，局部净高不应低于（　　）m。
   A. 2.2　　　　B. 2.0　　　　C. 2.4　　　　D. 2.1

【答案】B

39. 图书馆书库内工作人员专用楼梯的设计要求是（　　）。
   ① 梯段净宽不小于 0.8m
   ② 梯段净宽不小于 1m
   ③ 坡度不大于 30°
   ④ 坡度不大于 45°
   A. ①③　　　B. ①④　　　C. ②③　　　D. ②④

【答案】B

40. 设置采暖系统的卧室采暖计算温度，不应低于（　　）℃。
   A. 15　　　　B. 16　　　　C. 17　　　　D. 18

【答案】D

41. "建筑物必须满足夏季防热、遮阳、通风降温要求，冬季应兼顾防寒"的说法，下列哪个是气候分区对建筑的基本要求？（　　）
   A. 寒冷地区　　B. 夏热冬冷地区　　C. 夏热冬暖地区　　D. 温和地区

【答案】B

42. 按照《住宅建筑设计原理》，住宅户内功能分区，下列相同的两项概念是（　　）。
   Ⅰ. 公私分区　　Ⅱ. 动静分区　　Ⅲ. 洁污分区　　Ⅳ. 昼夜分区
   A. Ⅰ、Ⅲ　　B. Ⅰ、Ⅳ　　C. Ⅱ、Ⅲ　　D. Ⅱ、Ⅳ

【答案】D

43. 有关停车场、停车库出入口的叙述，错误的是（　　）。
   A. 非机动车库出地面处的最小距离不应小于 6.5m
   B. 自行车和电动自行车车库出入口净宽不应小于 1.80m
   C. 51～300 个停车位的停车场，应设两个出入口
   D. 301～500 个停车位的停车场，应设两个双向行驶的出入口

【答案】A

44. 低层民用建筑耐火等级为一、二级时，其防火分区允许最大建筑面积为（　　）m²。
   A. 1000　　　　　　B. 1500　　　　　　C. 2000　　　　　　D. 2500
   【答案】D

45. 关于高层民用建筑之间的防火间距，下列叙述不恰当的是（　　）。
   A. 高层民用建筑两者之间的防火间距不小于13m
   B. 两座建筑物相邻的较高一面外墙为防火墙时，其防火间距不限
   C. 高层民用建筑与另一高层民用建筑的附属建筑（一、二级）之间的防火间距不小于11m
   D. 一、二级的两栋高层民用建筑的各自附属建筑之间的防火间距不小于6m
   【答案】C

46. 在大中城市中，基地机动车出入口位置，应与主干道的交叉口保持一定的距离。这个距离的起量点应是（　　）。
   A. 交叉路口道路红线的交点
   B. 交叉路口道路转弯曲线的顶点
   C. 交叉路口人行道路外缘的直线交点
   D. 交叉路口道路的直线与拐弯处曲线相接处的切点
   【答案】A

47. 建筑物底层地面应高出室外地面至少（　　）mm。
   A. 100　　　　　　B. 200　　　　　　C. 50　　　　　　D. 300
   【答案】C

48. 以下关于高层建筑单元住宅疏散楼梯要求，说法错误的是（　　）。
   A. 每个单元疏散楼梯都应通至屋面
   B. 建筑高度在27m及以下可不封闭
   C. 建筑高度在21～33m之间应设封闭楼梯间
   D. 建筑高度大于33m应设防烟楼梯间
   【答案】B

49. 人员密集场所疏散门不设门槛，宽度应不小于（　　）m，门口（　　）m不设踏步。
   A. 1.2；1.4　　　B. 1.4；1.4　　　C. 1.6；1.8　　　D. 1.8；1.8
   【答案】B

50. 下列在一定的空间尺度内可以突出城市道路红线的建筑突出物是（　　）。
   A. 雨篷　　　　　B. 台阶　　　　　C. 基础　　　　　D. 地下室
   【答案】A

总结本门课的考试题内容，可以看到包括设计规范、基础设计知识、建筑史、规划设计等多方面内容，需要建筑师积累大量的理论知识，以及对建筑史熟悉和了解。建筑史部分在大学期间有专门的建筑史课程，老师会做详细的讲解和解读，工作后恰恰接触较少，这就需要在学校期间认真学习和记忆，为后期的实践工作培养专业素养，积累理论知识。

(五)《建筑经济、施工及设计业务管理》考试真题题型及考点分析

(1) 根据《中华人民共和国企业所得税法》，下列纳税人中，属于企业所得税纳税人的是（   ）。

  A. 个人独资企业   B. 合伙企业

  C. 个体工商户   D. 私营企业

【答案】D

解析：本题考的是建筑经济里的合同和招标要求。

(2) 天然花岗石板材的技术要求包括规格尺寸允许偏差、平面度允许公差、角度允许公差、外观质量和物理力学性能。其中，物理力学性能参数应包括（   ）。

  A. 体积密度、吸水率、干燥压缩强度、弯曲强度和镜面板材的镜面光泽值

  B. 抗压、抗拉强度和弯曲强度

  C. 体积密度、吸水率和湿压缩强度

  D. 密度、抗压强度、吸水率和收缩率

【答案】A

解析：本题考的是建筑施工方面的技术点。

(3) 液体石油沥青施工说法正确的是（   ）。

  A. 与沥青稀释剂混合加热，再搅拌、稀释制成

  B. 基质沥青的加热温度严禁超过140℃

  C. 掺配比例根据使用要求由经验确定

  D. 液体石油沥青宜采用针入度较小的石油沥青

【答案】B

解析：本题考的是建筑施工方面的技术措施。

(4) 采用工程量清单招标时，提供招标工程量清单并对其完整性和准确性负责的单位是（   ）。

  A. 发放招标文件的招标代理人   B. 发布招标文件的招标人

  C. 编制清单的工程造价咨询人   D. 招标人的上级管理单位

【答案】B

解析：本题考的是招标法规定。

(5) 关于标底，下列说法正确的是（   ）。

  A. 招标人可以规定最高和最低投标价格

  B. 招标人必须编制标底

  C. 一个招标项目可以有多个标底，且标底必须保密

  D. 标底只能作为评标的参考，不得以投标报价是否接近标底作为中标条件

【答案】D

解析：本题考的是招标法规定。

(6) 关于建造师不予注册的说法，正确的是（   ）。

  A. 因执业活动之外的原因受到刑事处罚，自刑事处罚执行完毕之日起至申请注册之日不满五年的

B. 申请在两个或者两个以上单位注册的

C. 年龄超过 60 周岁的

D. 被吊销注册证书，且处罚决定之日起到申请注册之日止不满三年的

【答案】B

解析：本题考的是业务管理有关注册师的管理规定。

(7) 关于国产设备运杂费估算的说法，正确的是(　　)。

A. 国产设备运至工地后发生的装卸费不应包括在运杂费中

B. 工程承包公司采购设备的相关费用不应计入运杂费

C. 国产设备运杂费包括由设备制造厂交货地点运至工地仓库所发生的运费

D. 运杂费在计取时不区分沿海和内陆，统一按运输距离估算

【答案】C

解析：本题考的是建筑经济里边成本预估算的知识点。

(8) 关于施工中发现文物的报告和保护的说法，正确的是(　　)。

A. 文物行政部门应当在 10 日内提出处理意见

B. 任何单位或者个人发现文物，应当保护现场

C. 发现人应当在 12h 内报告当地文物行政部门

D. 文物行政部门接到群众举报之后应该 12h 内给出应对措施

【答案】B

解析：本题考的是建筑施工里关于文化保护方面的规定。

(9) 某企业年初资产总额为 500 万元，年末资产总额为 540 万元，当年总收入为 900 万元，其中主营业务收入为 832 万元，则该企业一年中总资产周转率为(　　)。

A. 1.6　　　　B. 1.73　　　　C. 1.8　　　　D. 1.54

【答案】A

解析：本题考的是建筑经济里有关项目可行性报告和利润估算的问题。

(10) 在雷电特别强烈地区采用双避雷线，少雷地区不设避雷线的防雷方式适合于(　　)的高压输电线路。

A. 500kV 及以上　　B. 110kV　　C. 35kV 及以下　　D. 220～330kV

【答案】B

解析：本题考的是建筑施工里关于安全防护的规定。

(11) 下列企业筹集资金的方式中，属于外源筹资渠道中间接融资方式的是(　　)。

A. 向商业银行申请贷款　　　　B. 变卖闲置资产

C. 利用未分配的利润　　　　　D. 发行股票

【答案】A

解析：本题考的是建筑经济中有关投资和可行性研究方面的问题。

(12)（多选）关于现浇预应力混凝土连梁施工的说法，正确的有(　　)。

A. 采用移动模架法时，浇筑分段施工缝必须设在弯矩最大值部位

B. 采用悬浇法时，挂篮与悬浇梁段混凝土的质量比值不应超过 0.7

C. 采用悬臂浇筑时，0 号段应实施临时固结

D. 采用悬浇法，行走时的抗倾覆安全系数不得小于 2

【答案】BCD

解析：本题考的是建筑施工的操作规程。

（13）（多选）下列建设工程合同中，属于无效合同的有（　　）。

A. 没有资质的实际施工人借用有资质的建筑施工企业名义订立的合同

B. 供应商欺诈施工单位订立的采购合同

C. 施工企业超越资质等级订立的合同

D. 发包人胁迫施工企业订立的合同

【答案】AC

解析：本题考的是建筑经济里的合同法内容。

（14）（多选）根据《建设工程价款结算暂行办法》（财建〔2004〕369号），发承包双方在施工合同中约定的合同价款事项有（　　）。

A. 工程价款的调整因素、方法、程序、支付方式及时间

B. 工程竣工价款结算编制与核对、支付方式及时间

C. 承担计价风险的内容、范围以及超出约定内容、范围的调整方法

D. 投标保证金的数额、支付方式及时间

【答案】ABC

（15）（多选）造成外墙装修层脱落、表面开裂的原因，可能有（　　）。

A. 装修材料弹性过大　　　　B. 面层黏结不好

C. 结构发生变形　　　　　　D. 结构材料强度偏高

【答案】BC

从典型的真题里可以看出，建筑经济、施工及设计业务管理的题目覆盖面很广，涉及合同法、施工法、预决算、施工规程等多方面内容，而且相对于建筑师的工作范畴，平时的接触比较少。作为职业建筑师，在平时的工作中应该注意积累，多接触项目的各个层面，提高综合素养和业务能力。

后附：2022—2023年《建筑经济·施工与设计业务管理（新大纲）》考试真题

1. 我国现阶段建设投资包括工程费用、工程建设其他费用和（　　）。

A. 预备费　　　　　　　　B. 铺底流动资金

C. 建设期项目借款　　　　D. 建设期利息

【答案】A

2. 委托设计单位初步设计的费用属于（　　）。

A. 预备费　　　　　　　　B. 建安工程费用

C. 工程建设其他费用　　　D. 建设单位管理费

【答案】C

3. 估算建设投资时，为可能发生的设计变更及施工中可能增加的工程量预留的费用属于（　　）。

A. 基本预备费　　B. 涨价预备费　　C. 研究实验费　　D. 建安工程费

【答案】A

4. 建设项目可行性研究的作用是( )。
   A. 施工图设计的直接依据　　　　　　B. 投资决策的依据
   C. 施工招标的直接依据　　　　　　　D. 寻找可能的投资机会
   【答案】B

5. 关于经批准的可行性研究阶段投资估算的说法，正确的是( )。
   A. 该投资估算是施工图设计的主要依据
   B. 该投资估算可作为工程设计招标的依据
   C. 设计概算通常允许突破该估算额度的15%
   D. 该估算不能作为银行申请贷款额度的依据
   【答案】D

6. 下列财务分析指标中，可评价项目盈利能力的静态指标是( )。
   A. 财务净现值　　　　　　　　　　　B. 利息备复率
   C. 财务内部收益率　　　　　　　　　D. 投资收益率
   【答案】D

7. 当初步设计有详细的设备清单时，编制设备安装工程概算最适宜采用的方法是( )。
   A. 设备系数法　　B. 扩大单价法　　C. 预算单价法　　D. 概算指标法
   【答案】D

8. 关于在初步设计中应用价值工程的说法，正确的是( )。
   A. 价值工程，强调投资最小，不考虑质量与功能
   B. 价值工程，强调价值最大化，忽略环保和节能
   C. 价值工程的核心是对设计对象进行功能分析
   D. 价值工程的应用，只在建设阶段考虑，在运营阶段不考虑
   【答案】C

9. 关于限额设计的说法正确的是( )。
   A. 限额设计目标指工程的造价目标和技术目标
   B. 对造价目标进行层层分解是实行限额设计的有效途径之一
   C. 目标推进通常可分为限额可行性研究、限额初步设计、限额施工图设计和限额竣工验收四个阶段
   D. 限额设计的局限性在于只考虑工程建设的经济性，不考虑质量安全和进度
   【答案】B

10. 某新建工程由甲、乙、丙三个单项工程组成，其中甲的单项建筑工程概算为1500万元，设备及安装工程概算为6500万元，项目的工程建设其他费用为1000万元，流动资金为3000万元，甲的单项工程综合概算为( )元。
    A. 0.8亿　　　　B. 0.9亿　　　　C. 1.05亿　　　　D. 1.2亿
    【答案】B

11. 采用工程量计价的建设工程，清单包括分部分项工程量清单、措施项目清单、其他项目清单以及( )。
    A. 规费、税金项目清单

147

B. 风险费清单

C. 建设单位管理费

D. 总承包服务费

【答案】A

12. 采用工程量清单计价的建设工程，招标人提供的工程量清单是投标人填报分部分项工程综合单价的重要依据，因此，在清单中招标人必须准确描述的是（　　）。

A. 项目特征　　　　　　　　　　B. 工作流程

C. 施工组织方式　　　　　　　　D. 工程量计算规则

【答案】D

13. 根据项目资本金筹措主体的不同，筹措方式可以分为（　　）。

A. 内部融资和外部融资

B. 既有法人和新设法人融资

C. 企业自由资金和企业债券

D. 公募和私募资金

【答案】A

14. 下列分项工程中不属于混凝土工程子分部工程的是（　　）。

A. 预应力　　　　　　　　　　　B. 现浇结构

C. 填充墙砌体　　　　　　　　　D. 装配式结构

【答案】C

15. 关于项目资本金的说法，正确的是（　　）。

A. 项目资本金是在项目总投资中由投资者认缴的权益资金出资额

B. 对项目来说，项目资本金是债务性资金

C. 项目法人需承担项目资本金的利息

D. 投资者在任何时间都可以抽回项目资本金

【答案】A

16. 关于项目后评价成果反馈的说法正确的是（　　）。

A. 项目后评价成果不能反馈给项目执行单位

B. 项目后评价不需要反馈成功的经验

C. 项目后评价结论可反馈到投资决策和主管部门

D. 后评价成果反馈的目的是表彰项目出资人

【答案】C

17. 工程保修期起算日是（　　）。

A. 工程竣工验收合格之日　　　　B. 工程交付使用之日

C. 工程完工之日　　　　　　　　D. 提交工程质量保修金之日

【答案】A

18. 全面反映建设工程项目费用及财务情况的总结性文件是（　　）。

A. 竣工结算　　　　　　　　　　B. 竣工决算

C. 签约合同价　　　　　　　　　D. 最高投标限价

【答案】B

19. 某工程施工到第三个月时,经统计完成工程预算投资为3000万元,已完成工作实际投资为2800万元,根据得值法可判断该工程( )。

   A. 进度延误　　　　B. 进度提前　　　　C. 节约投资　　　　D. 投资超支

   【答案】C

20. 采用工程量清单计价的建设工程,工程变更引起已标价工程量清单项目发生变化,但是已标价工程量清单中没有适用但有类似变更工程项目的,则该工程的单价应( )。

   A. 在合理范围内参照类似工程定价

   B. 由承包人确定单价

   C. 由发包人确定单价

   D. 执行原有综合单价

   【答案】A

21. 针对建筑工程施工现场质量管理的要求不包括( )。

   A. 相应的施工技术标准

   B. 施工质量检验制度

   C. 健全的质量管理体系

   D. 设计质量评审制度

   【答案】D

22. 关于检验质量抽样方案正确是( )。

   A. 可采用计量、计数或计量-计数的抽样方案

   B. 不可采用经过理论研究证明有效的抽样方案

   C. 对重要的检验项目的,应采用全数抽样检验

   D. 不得采用调整型抽样

   【答案】A

23. 建筑工程质量验收划分方式不包括( )。

   A. 单位工程　　　　B. 分部工程　　　　C. 分项工程　　　　D. 分段工程

   【答案】D

24. 混凝土结构工程施工中,关于钢筋弯折的弯弧内直径的说法,正确的是( )。

   A. 同直径的光圆钢筋比带肋钢筋弯弧内直径大

   B. 同直径的高强度钢筋比低强度的弯弧内直径大

   C. 500MPa级带肋钢筋小直径比大直径的弯弧内直径大

   D. 箍筋弯折处应小于纵向受力钢筋直径

   【答案】B

25. 关于建筑工程中单位工程施工质量验收的说法,正确的是( )。

   A. 所含分部工程的质量组抽样检查

   B. 主要使用功能应全数查

   C. 检测达不到设计要求,经设计单位确认认可,仍不得验收

   D. 工程质量控制资料有缺失时,应有相应资格的检测单位进行实体检查

   【答案】D

26. 混凝土结构工程施工中，模板上安装预埋件和预留孔洞的位置，不允许有偏差的是( )。
   A. 预埋件的中心线　　　　　　　B. 插筋中心线
   C. 插筋外露长度　　　　　　　　D. 预留洞位置
   【答案】D

27. 由同一专业的三个不同资质等级的单位联合承包的，应当( )。
   A. 被禁止承包工程
   B. 按等级居中的
   C. 按等级相对较低的
   D. 按等级最高的
   【答案】C

28. 在房屋建设和市政基础设施项目工程中，下列关于总承包主要人工价格和招标时期价格相比的波动幅度带来的风险分担的说法，正确的是( )。
   A. 无须合同约定，波动部分由总承包单位承担
   B. 波动部分由建设单位和总承包分别各自承担一半
   C. 根据合同约定，波动由建设单位和总承包分担
   D. 无须合同约定，波动部分由建设单位承担
   【答案】C

29. 当钢结构工程施工质量不符合施工质量验收标准规定时，正确的是( )。
   A. 更换构件的检验批，不需重新进行验收
   B. 通过加固处理，未满足观感质量的钢结构分部工程严禁验收
   C. 虽经原设计单位核算认可，能够满足结构安全和使用功能的检验批，也不应验收
   D. 经法定的检测单位检测鉴定能达到设计要求的检验批，应予以验收
   【答案】D

30. 关于钢结构紧固件连接工程质量验收的说法，正确的是( )。
   A. 永久性连接普通螺栓应全数进行螺栓实物最小拉力载荷复验
   B. 自攻螺钉与连接钢板是否紧固密贴，不能用观感法检查
   C. 紧固的永久性螺栓不应有外露丝扣
   D. 高强度螺栓连接副终拧后，螺栓应有外露丝扣
   【答案】D

31. 关于钢结构制作和安装中高强度螺栓连接质量检查，说法正确的是( )。
   A. 高强度螺栓连接副应在终拧完成1h内进行终拧质量检查
   B. 高强度螺栓不能自由穿入螺栓孔时，应采用气割扩孔
   C. 连接摩擦面应保持干燥整洁，除设计要求外，摩擦面不应涂漆
   D. 扭剪型高强度螺栓连接副终拧结束后，应保留螺栓尾部梅花头
   【答案】C

32. （多选）关于建筑工程质量验收要求说法正确的是( )。
   A. 对建设单位参加验收的人员无相应资格要求

B. 检验检测质量应按项目允许偏差项目验收
C. 验收应在施工单位自检合格基础上进行
D. 工程的观感质量应由验收人员检查并由设计单位确认

【答案】BC

33.（多选）关于混凝土结构预应力工程的说法正确的是(　　)。

A. 预应力筋应按规定抽取试件做抗拉强度检验，可不做伸长率检验
B. 有粘结预应力筋的表面不应有裂纹，机械损伤等，展开后无弯折
C. 无粘结预应力钢绞线护套应光滑，不允许有任何裂纹和破损
D. 锚具夹具和连接器均应做静载锚固性能检验

【答案】BCD

34.（多选）建设单位应组织设计单位进行设计交底，使施工单位(　　)。

A. 解决各专业设计之间可能存在的矛盾
B. 清除施工图差错
C. 充分理解设计意图
D. 了解设计内容和技术要求

【答案】CD

35.（多选）关于屋面防水卷材铺贴时采用搭接法连接的说法，正确的有(　　)。

A. 上下层卷材的铺贴方面应垂直
B. 相邻两幅卷材的搭接缝应错开
C. 平行于屋脊的搭接缝应顺水流方向搭接
D. 上下层卷材的搭接缝应对正

【答案】BC

36.（多选）建筑工程分部工程质量验收合格的规定有(　　)。

A. 分部工程所含分项工程的质量均应验收合格
B. 质量控制资料应完整
C. 观感质量验收应符合要求
D. 主要使用功能项目的抽样检验结果应符合相关专业质量验收规范的规定

【答案】ABC

附录2　常用的建筑制图标准

建筑制图标准是国家为了保证建筑设计质量、提高设计效率、便于施工和监理以及满足工程档案需要而制定的统一技术要求。以下是建筑制图的一些基本标准和参考图集。

1.《房屋建筑制图统一标准》(GB/T 50001)：这是建筑制图的基本规定，适用于房屋建筑制图，包括总图、建筑、结构、给水排水、暖通空调、电气等各专业制图。

2.《建筑制图标准》(GB/T 50104)：规定了建筑制图的基本要求和图示方法，主要适用于建筑专业和室内设计专业的工程制图，如新建、改建、扩建工程各阶段设计图、竣工图，以及原有建筑物、构筑物的实测图等，以确保设计图的准确性和一致性。

3.《总图制图标准》(GB/T 50103)：这是关于总图制图的标准，适用于各类建设项目的总图设计。

4.《建筑结构制图标准》(GB/T 50105)：这是关于建筑结构专业制图的标准。

5.《建筑给水排水制图标准》(GB/T 50106)：这是关于给水排水专业制图的标准。

6.《暖通空调制图标准》(GB/T 50114)：这是关于暖通空调专业制图的标准。

7.《建筑电气制图标准》(GB/T 50786)：这是关于建筑电气专业制图的标准。

除上述国家标准外，还有一些行业标准和地方标准，这些标准可能会根据具体情况有所调整。在实际工程中，设计单位和施工单位还需参考相关的设计规范和施工规范，以及使用标准图集，如《建筑安装施工图集》等。

图纸是设计师对于建设项目的技术表达手段和方式，建筑制图的目的是清晰、准确地表达设计思想和技术特征，为建筑设计、施工、监理和维护提供准确的依据。因此，无论是手工制图还是计算机制图，都应严格遵守相关标准和规范。

附录3 建筑设计常用设计规范和法规

建筑设计是在国家和地方法律法规及技术规范的框架内进行的。以下是一些在中国建筑设计中常用的设计规范和法规。

1. 《中华人民共和国建筑法》：这是我国建筑领域的基本法律，规定了建筑活动的基本原则和管理制度。

2. 《民用建筑通用规范》（GB 55031）：规定了民用建筑设计的基本要求和术语，涵盖了建筑的布局、空间、装饰等方面。

3. 《建筑防火通用规范》（GB 55037）：自2023年6月1日起正式实施，包含了建筑防火设计的总体要求、建筑分类与耐火等级、防火分区与蔓延控制、安全疏散与避难设施、消防设施、建筑施工和使用维护等方面的防火要求。

4. 《建筑设计防火规范（2018年版）》（GB 50016）：规定了建筑防火设计的基本要求和措施，包括建筑的分类、耐火等级、防火分区、消防设施等。

5. 《建筑内部装修设计防火规范》（GB 50222）：包含了建筑内部装修防火设计的总体要求、装修材料的分类和分级、特别场所的防火要求、民用建筑和工业建筑的内部装修防火要求等方面的防火设计要求。

6. 《无障碍设计规范》（GB 50763）：规定了包括无障碍设施的设计标准，如缘石坡道、盲道、平坡出入口等的要求，以及城市道路、广场、绿地等的设计要求。

7. 《建筑与市政工程无障碍通用规范》（GB 55019）：规定了无障碍设施的设置要求、无障碍服务设施的要求、无障碍设计的实施指南，以及相应的检测和验收标准。这些内容涵盖了从建筑物的设计、施工到维护的全过程。

8. 《建筑结构荷载规范》（GB 50009）：明确了建筑结构在各种使用状态下所承受的荷载标准，包括永久荷载、可变荷载和偶然荷载。

9. 《屋面工程技术规范》（GB 50345）：标准涵盖了屋面工程的总体要求、术语和定义、基本规定、设计、施工、验收等方面内容。

10. 《建筑地面设计规范》（GB 50037）：规定了建筑地面设计的基本原则和要求，包括确保建筑地面满足生产特征、建筑功能和使用要求，同时要充分利用地方材料、工业废料，节约木材、水泥、钢材和贵重材料。

11. 《地下工程防水技术规范》（GB 50108）：包括地下工程防水的基本原则、防水设计、防水施工、防水材料、防水验收和维护等方面的要求。

12. 《民用建筑热工设计规范》（GB 50176）：规定了建筑物的热工设计要求，以实现节能和提高室内热环境质量。

13. 《建筑节能与可再生能源利用通用规范》（GB 55015）：规定了建筑节能设计、既有建筑节能、可再生能源利用三个方面的强制性指标及基本要求。

14. 《民用建筑绿色设计规范》（JGJ/T 229）：标准涵盖了从建筑物的整体设计、施工到运行、维护的全过程，包括绿色建筑设计的原则、标准和方法，以及绿色建筑评价体系。

15. 《建筑用墙面涂料中有害物质限量》（GB 18582）：标准规定了建筑用墙面涂料

中对人体和环境有害的物质容许限量,包括产品分类、要求、测试方法、检验规则、包装标志等方面的内容。

16.《胶粘剂挥发性有机化合物限量》(GB 33372):规定了胶粘剂产品中 VOCs 的限量要求,包括不同类型胶粘剂的 VOCs 含量限值、测试方法、检验规则等。

17.《室内装饰装修材料 胶粘剂中有害物质限量》(GB 18583):标准规定了室内装饰装修用胶粘剂产品中对人体和环境有害的物质容许限量,包括有害物质的种类、含量限值、测试方法、检验规则等方面的内容。

18.《建筑环境通用规范》(GB 55016):该规范自 2022 年 4 月 1 日起实施,主要包括建筑声环境、建筑光环境、建筑热工和室内空气质量四个方面的强制性要求。这些要求适用于新建、改建和扩建的民用建筑以及工业建筑中的辅助办公类。

19.《建筑外墙防水工程技术规程》(JGJ/T 235):规定了外墙防水工程应满足的基本要求,包括防水材料的选用、防水层的设计、施工工艺和质量控制等。

20.《车库建筑设计规范》(JGJ 100):规范涵盖了车库的规划、设计、构造、防火、安全等方面内容,包括机动车和非机动车的车库设计。

21.《汽车库、修车库、停车场设计防火规范》(GB 50067):规范涵盖了建筑结构设计、防火分区、消防设施、安全疏散、火灾报警等方面内容。

这些规范和法规为建筑设计提供了基本的指导原则和技术要求,建筑师在设计过程中必须遵循这些规定。此外,还需要关注国家和地方可能发布的最新标准和规定。在具体设计过程中,还可能需要参考更多的专业规范和标准如《住宅建筑设计规范》《办公建筑设计规范》《商业建筑设计规范》《餐饮建筑设计规范》《托儿所、幼儿园设计规范》《电子工业洁净厂房设计规范》等专项规范,以确保设计工作的准确性和合规性。

附录4 建筑设计常用设计标准和设计图集

在中国，建筑设计需要遵循一系列国家和行业标准，以确保建筑的安全、实用、经济和美观。以下是一些常用的设计标准和设计图集。

1. 《建筑模数协调标准》（GB/T 50002）：规定了建筑模数协调统一标准，以实现建筑设计的标准化和模数化。

2. 《建筑工程文件编制深度规定（2016年版）》：规定了建筑工程文件编制的内容、深度和格式，以确保建筑工程文件的科学性、完整性和准确性。这项规定适用于新建、扩建、改建和技术改造的建筑工程，包括民用建筑、工业建筑和构筑物等。

3. 《民用建筑工程室内环境污染控制标准》（GB 50325）：确保室内环境质量，预防和控制室内环境污染。

4. 《住宅建筑室内装修污染控制技术标准》（JGJ/T 436）：规定室内装修污染控制的基本原则、污染物种类、污染物浓度限值、材料选择、施工工艺、验收与检测等方面的内容。

5. 《外墙外保温工程技术标准》（JGJ 144）：规程包含了总则、术语、基本规定、性能要求、设计与施工、构造要求、工程验收等章节，对保温系统的材料选择、系统设计、施工工艺、质量控制等方面进行了详细规定。

6. 《严寒和寒冷地区居住建筑节能设计标准》（JGJ 26）：规定了建筑的节能设计原则、建筑围护结构的保温隔热设计、采暖、通风和空气调节系统的设计、照明和电气系统的节能设计等方面的内容。

7. 《公共建筑节能设计标准》（GB/T 50189）：标准涵盖了公共建筑的节能设计原则、能源需求分析、建筑热工设计、采暖、通风和空气调节设计、照明设计等方面内容。主要目的是为了规范公共建筑的节能设计，提高能源利用效率，降低能源消耗，保护环境，促进可持续发展。

8. 《蒸压加气混凝土制品应用技术标准》（JGJ/T 17）：标准包含了蒸压加气混凝土制品的基本要求、材料性能、设计、施工、验收和维护等方面的内容。

9. 《建筑给水排水设计标准》（GB 50015）：规定了建筑给水排水系统的设计要求。

10. 《民用建筑电气设计标准》（GB 51348）：涵盖了建筑电气系统的设计、安装和验收要求。

11. 《工程做法》（23J909）：详细涵盖了室外工程、外墙饰面工程、室内装修工程、屋面工程、建筑涂料工程等各部位的工程做法。

12. 《内装修》（03J502-1~3）：包含了室内设计的相关标准图案和设计要求。

13. 《建筑幕墙》（03J103-2~7）：针对建筑幕墙的设计、施工和验收提供了标准图案和指南。

在使用这些标准和图集时，设计师和工程师需要结合具体的工程实际情况，进行适当的调整和应用。因为我国幅员辽阔，各地的气候环境条件差异很大，设计师除了需要关注国家和行业最新的标准和规定，还要依据各省市地区的规定和图集进行设计，以确保设计工作的准确性和合规性。